思想家

一旦能放声嘲笑自己，你就自由了

CRINGEWORTHY

[美] 梅丽莎·达尔 ——— 著

MELISSA DAHL 秦 鹏 ——— 译

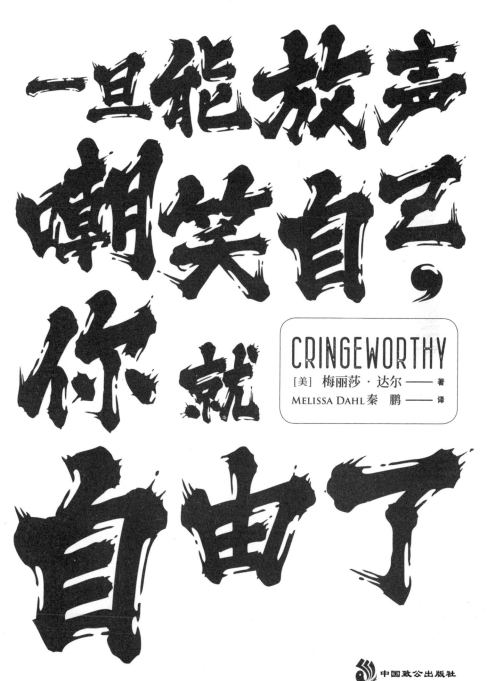

中国致公出版社

献给多迪·波特霍夫

生而为人，真是太尴尬了。

——《咒语》，库尔特·冯内古特（*Hocus Pocus,* Kurt Vonnegut）

目　录

CONTENTS

我的尴尬时代（上）

"这儿怎么会没人喜欢汉森乐队呢？！"我无力地喊道。我正在大声朗读一本小活页本上的文字，这个本子是 1997 年我在克莱尔饰品店买的，花了 6.99 美元。深荧光紫色的封面上印着五颜六色的旋涡和星星，里面是我七年级时写的日记。20 年后的今天，我读着它，听者是我今天早上才认识的三个人。"我今天几乎花了一整天在网上扒他们的照片，他们太可爱了！怎么会有人不喜欢他们呢？"

我停下来，抬起头。"我觉得我应该注明一下，每次我想写 'to' 这个词的时候，都是用数字 '2' 代替的。"我对我的听众说。我们四个人坐在布鲁克林的表演场地——利特尔菲尔德的吧台附近的扶手椅里。在今天之前，我只在晚上才来这里。在 1 月的某个阳光明媚的午后，在柔和阳光的照耀下，这里让我感觉有点儿迷惑，不过在此时此刻正在发生的事情当中，这只是离奇程度最低的一件。

听我朗读的三个陌生人分别是：斯蒂芬·楚帕斯卡——他有一头松软的棕发，戴着眼镜，围着一条细长的围巾，习惯以夸张的动作将这两者甩到身后；克里斯蒂娜·加兰特，这个女人笑起来嘴有点儿歪，眼神充满活力，我说话的时候她就在笔记本电脑上做记录；约翰·多契奇，一个和蔼可亲、性格外向的人，蓄着整洁的山羊胡。他们是综艺演出《窘迫》（*Mortified*）纽约版的制作人。在这个演出中，参演者会阅读他们十几岁时写的日记，在舞台上，当着数百人的面。我想我以前做过类似的噩梦，只不过在那些梦里，赤裸的只是我的身体，不是我的感情。

我这是在为将在今年晚些时候上演的演出"试镜"，我觉得我可能要搞砸了。"试镜"这个词被加上引号，是因为《窘迫》的创始人戴夫·纳德伯格不让我那么说。这不是试镜，不是真正的试镜，因为但凡有勇气参加这个节目的人都是受欢迎的，只要他们在十几岁时写下过足够支撑起 10 分钟素材的日记就行了。但是我对自己能否获得这个机会感到怀疑。在过去的两个小时里，用纳德伯格喜欢的词说，我一直坐在一场"策划会议"中，而且我很敬畏自己今天见到的那些人。的确，许多事情都很傻。有个哥们儿在每篇日记的末尾都要细致地描述一遍他当天所穿的每件衣服、吃过的每种食物，还要在签名处写上"和平、爱"。不过，我今天听到的大部分内容都暗示了一些真正的艺术才华的发端。今天早上，一位女士读了她在高中时写的诗，节目的主要制作人加兰特拒绝了它，因为写得太棒了。我不指望自己能遇到这种问题。

在我解释了用"2"代替"to"的事情之后，三位制片人礼貌地点头，然后示意我应该继续下去。我哆哆嗦嗦地喘了口气，继续读着1998年3月7日写下的日记，每一个词都比前一个词读得更加不好意思。"我该怎么办？我要是想找人聊聊汉森乐队，还得打长途电话！"

我又停顿了一下。今天暖和得不像这个季节的日子，但不知何故，我并不认为这就是我出汗的原因。"这太荒唐了，"我说，"这些似乎都没什么用。有能用的内容吗？我只是……我不想浪费你们的时间，我真的很尊重这个节目，还有你们所做的——"

加兰特打断了我："如果你不继续读，我们也不知道它是否有用。"她说着，抬起头，在她的笔记本电脑上方对我扬起眉毛。

后来，他们三个人都发誓说，我是他们见过的最紧张、嘴巴最紧的参演者。我开始读一篇日记，然后觉得它蠢得让我读不下去，便翻过去尝试读下一篇，结果再次以同样的速度放弃。我变得口吃、脸红、汗如雨下，以至于不得不脱掉身上的橄榄绿夹克，可是为时已晚——我的两条胳膊下被汗水浸出两大块圆形，T恤还被染上了些深橄榄绿色。"你这个白痴，"我想着，"上中学的时候你就想得到用穿深色的衣服来掩饰因为紧张而被汗浸湿的腋下。写这本日记的孩子都比你聪明。"

但是，我得替我自己说句话：我比常规的《窘迫》参演者更踌躇是有道理的。我可不是一个表演者。我参加试镜，不是因为我有多么想在几百个陌生人面前读我的中学日记，哪怕眼前只有这三位，对我来说人也有点儿多了。我来只是为了做研究。

✿✿✿

在为《窘迫》试镜之前，我已经正式研究"尴尬学"接近两年，而非正式研究则已经接近 30 年了（人们确实都在说要写你知道的东西）。我们大多数人都经历过一个尴尬的阶段，我也不例外。我的成长经历多少有些特殊，因为我们家每两年左右就要搬一次。这意味着我刚刚适应了一所学校，我们就要搬到另一座城镇去，而且往往是在另一个州。每当我不得不扮演"新来的孩子"时，尴尬时刻不可避免地随之而来。我很快就明白了，在一所学校里可以被接受的事物到了另一所学校可能会遭到全方位的嘲笑。你可以在 1998 年的纳什维尔爱上汉森乐队，但是在芝加哥，你最好试着喜欢后街男孩；你可以在 21 世纪初的路易斯安那州南部穿一件电影《独领风骚》里那种风格的过膝袜，但是在加利福尼亚州北部，你会因为坚守一种过时的潮流而遭人侧目。每个年轻人都对社会规则高度敏感，但我在长大的过程中对其他规则的一次次学习让我对那些偏离正轨的时刻更加敏感。也可能正因如此，才让这些时刻更容易出现。任何靠写东西吃饭的人最终写下的都是他们了解的东西，别管他们是否有意，但如果你的主题是我在过去 10 年间一直在研究的心理学，"要有自知之明"这句话就真的要按字面意义理解了。"这份工作最棒的地方在于，"以前有位老板对我说过，"我们不仅可以提出一些有趣的问题，我们还能找到它们的答案。"我们两个都偏好琢磨一些关于人类体验的古怪问题：为什么我们中的许多人都讨厌自己的声音？为什么今天一想起自己几年前说过的蠢话或者做过的蠢事仍会脸红？还有，替那些我永远不会遇到的人——比如接受了奥斯卡最佳影片奖（本应属于《月光男孩》）的《爱乐之城》演员和剧组工作人员——感到尴尬到底有什么意义？在这些情况下，我前上司的话其实只对了一半。这些都是有趣的问题，但我找不到一个令人满意的答案来解释为什么每一件事都能让我觉得难堪。在科学文献中，似乎还没有类似"尴尬大一统理论"的东西存在，所以，我开始自己动手完成这件事。

不过，给你一条新闻学建议：不要只相信自己的直觉，去请教专家吧。在这种情况下，我已经开始认真地采访那些最了解这个课题的人了。例如，一些科学家和哲学家将他们的日常生活投入到诸如快乐、嫉妒、内疚或者厌倦等情绪的研究中。为了开展我的研究，我需要和那些花时间研究"尴尬"的意义是什么（到底是什么感觉）的人沟通。这里说的意义，其实也就是当你完全、彻底地将自己置于尴尬境地时的感受：畏缩，肚子体验到生理上的、本能性的收紧，脸颊发红，手心出汗，以及内心的恐慌。

很显然，这代表我咨询了一些中学生。

来自加利福尼亚州北部和明尼苏达州中部的一些十二三岁的孩子，很配合地回答了我的问题。在和他们交谈时，我愈加感觉自己提出的都是些来自古怪成年人的令人不自在的问题。其中之一就是，定义一下对他们来说"尴尬"意味着什么。以下是我最喜欢的一些答案，摘自对话、电子邮件或者短信：

▼ 尴尬就是大家全都默不作声的时候。

▼ 尴尬就是你不知该做什么的时候。

▼ 尴尬是一种不舒服的感觉。就是你经常会无话可说，或说不出话的情况。你会想尽快摆脱那样的境遇。

他们给出的定义凸显了他们在不确定情况下的不安，以及因某人偏离正轨而引发的不适感。当然，他们是对的，没有人会像中学生那样了解尴尬，但我不确定这些定义是否完整地表述出了那种感觉。

如今，我们对"尴尬"抱有很多期待。它已经成了万金油，成了在任何让我们感到不安的情况下，别管是琐碎小事还是人生大事，都可以派上用场的流行语。不久前，我在一个朋友的公寓里参加了一场小型聚会。一位女士告诉我们，她未婚夫的弟弟最近刚刚出柜——但只是对她一人坦白，其他家人都不知道他是同性恋，包括她的未婚夫。"太尴尬了，"她不停地说，"我现在只要跟他们待在一起就会感到很尴尬。"不过情况也可能是"美妙的尴尬"，新闻门户网站嗡嗡喂（BuzzFeed）用这个短语来为关于小狗的报道、初吻故事和麦莉·赛勒斯小时候的照片取标题。性事可能是让人尴尬的，工作也可能是让人尴尬的，但这些事情只要你在过去 10 年左右的时间里拥有过工作或者电视机就肯定已经知道了。最近，我发现了一款名为"工作中的尴尬时刻"的棋盘游戏，它提供了一种受欢迎的逆转现实的情景，让最不善于社交的员工获得游戏的胜利。

但最近让我感到惊异的是，人们有多么频繁地为这种感受赋予更多的含义。在一场名为"结束尴尬"的长期广告宣传活动中，一些残疾人维权人士表示，健全人在残疾人身边会感到非常不舒服，以至于他们中的许多人很直白地选择尽可能地避开残疾人。2016 年晚些时候，《纽约时报》发布了一段题为《我们为什么会尴尬》(*Why We're Awkward*) 的短片，影片最后将原因归结于种族偏见。多年以来，喜剧演员 W. 卡马乌·贝尔一直在鼓励美国人进行更多的"尴尬对话"，对他来说，这通常指的是对诸如种族主义或者性别歧视等重要而敏感的话题进行的讨论。比起网络上的 "说出来文化"的很多典型实例，贝尔的技巧要温和一些。"说出来文化"指的是在社交媒体上公开羞辱使用攻击性语言或行为的人。然而，那些提倡这种激烈的，有时堪称冷酷的对抗的人，使用的说法也往往和贝尔的一样，他们都鼓励人们"尴尬起来"。

你有没有过说一个词太多次，结果让它失去了意义的经历？有时候我怀疑，我们就是这么对待"尴尬"的。当一个亲戚在感恩节谈论某件关于性别歧视的事情；当你和上司商谈加薪；当你在一个熟人的照片墙（Instagram）主页上逛了 4 个月，却不小心给他的一张老照片点了赞——在所有这些情况下，你的感受都能用这一个词来描述吗？在研究这种情绪时，我面临的挑战之一就是正确地定义它。

在我看来，无论是在日常琐事中还是在意义重大的时刻，尴尬都是一种带有轻微不确定性的自我意识。在中古英语中，"尴尬"（awkward）指的是"错误的方向"或者"转向错误的方向"。在我的大学时代，人们经常用"尴尬乌龟"（Awkward Turtle）手势来表示尴尬：把一只手放在另一只手上，拇指上翘，整体看起来就像一只壳朝下、肚朝天的乌龟，它此时陷入了一种不舒服却又无法逃脱的境地。任何令人稍感不舒服的事件都被认为是尴尬的，都能用上"尴尬乌龟"手势。上课迟到？尴尬！在酒吧碰到前男友？尴尬！现在回想起来，这本身就够尴尬的。

在稍显紧张的互动中，乌龟手势这种傻傻的、诙谐的方式可以用来缓解气氛，在你不知道该说什么的时候就可以使出来。而这种理解的后果是，尴尬多半会被认为是愚蠢且无关紧要的，因此如果想形容更加重要的事情，这个词就显得不恰当了。但我认为，与人们惯常的态度相比，这种感觉值得受到更加严肃的看待。它是一个警报系统，让你知道出了问题。当你不知道该对一个父亲刚刚去世的朋友说些什么的时候，当你竭力避免在谈论种族或者阶级时冒犯别人的时候，当你发现自己身处不怎么严重但内心仍充满挣扎的情况下的时候——比如，你试图鼓起勇气，看是否可以通过邀请对方喝酒来把一个工作中的伙伴变成真正的朋友，这时警报就响起了。在所有这些时刻，你都冒着过多地暴露自己的风险——不管是你的无知、你的真诚，抑或是你对基本社交礼仪的缺乏。

尴尬拉响了警报，畏缩就会随之而来。这是源于尴尬时刻的出于本能的强烈反应，是一种突然站在别人的角度审视自己而产生的不愉快的自我认知。这是一个强迫性的自我意识时刻，而且通常会让你意识到一个令人失望的事实，那就是你并没有达到对自己的期望。警报声响起，畏缩感让你中止、中止，必须中止，而你往往会照做。你什么话都没有对你悲伤的朋友说；你甚至不会尝试挑战自己对具有社会意义的议题的想法或信念；你直接回了家，并没有去外面找乐子。

不管怎样，这就是我们赋予尴尬的意义，但这真的有必要吗？从别人的角度看待自己是如此困难，因为这意味着你要采取有别于惯常的自我认知方式。然而，只要你能经受得住，通过别人的眼睛看待自己会帮助你更接近你希望成为的那个人。哲学家阿兰·德波顿（Alain de Botton）写道："如果我们不常常为自己感到深深的尴尬，自我认识的旅程便尚未开始。"我们应该时不时地尝试通过一只翻个儿乌龟的眼睛看看这个世界。

🐱 🐱 🐱

接着说我的《窘迫》试镜，多契奇似乎总是忍不住笑话我的慌乱。我在记者模式下度过了一个上午。我一直很喜欢这份工作，因为它给了我一个理由（以及一份自信，这是个令我开心的副作用）去向陌生人提问题。但在制作人让我开始在他们面前读日记的那一刻，所有的镇定都弃我而去。"看看你！"多契奇说，"你来的时候还是个冷静、自信的记者，现在……"他摇了摇头，又笑了起来，尽管他是善意的。

也许是察觉到我快要放弃了，楚帕斯卡提出一个建议："你为什么不随便翻到某一页，然后开始读呢？"

"好吧。"我同意，并因对方的指点心怀感激。我随意翻开了一页——看到被我挑中的那一篇时，我立即开始后悔自己接受了这个提议。我想接着翻，但已经被加兰特逮到了。"你就读吧。"她说。

我就开始读了。"好吧，现在我真的很害怕安。她今天带了一本关于巫术的书，一本咒语书。当我试着告诉迈克或詹娜时，他们都觉得这很酷。他们想看那本书。"我之前就知道，英语中"窘迫"（mortified）这个词的拉丁语词根是"死的"（mors），但是到了这会儿，曾经让我觉得挺好玩儿的语言学小知识已经有点儿太真实了，因为大声朗读这些内容真的让我想死。这本日记记录了我们家从纳什维尔搬到芝加哥郊区几个月后的事情。在纳什维尔，我上的是一所小小的宗教学校；到了芝加哥郊区，我进入了一所规模挺大的公立学校。这些不受宗教信仰约束的孩子的邪恶行径吓坏了 13 岁的我。"我永远、永远都不会参与那些事情。我向你保证，耶稣，现在我是一名基督徒，而且我会继续保持这种状态。我保证我永远不会跟那种事情有所牵连。我会信守承诺。"

这是最奇怪的事情：写下这些话的人是我，但此刻我觉得自己像是在读剧本，就好像在演戏。20 世纪中叶著名的社会学家欧文·戈夫曼（Erving Goffman）在 1956 年的经典著作《日常生活中的自我呈现》（*The Presentation of Self in Everyday Life*）中描述了他在社会学领域的"戏剧"理论。戈夫曼认真地研究了莎士比亚的"世界是一个舞台"的观点，建立起一种理论，认为每一次社会互动的作用方式都像是一出戏的一部分：我们以某种特定的方式呈现自己，以符合特定观众的期望。与此形成对照的是，在后台，演员可以放松下来，做真正的自己。当舞台和后台发生碰撞，当观众可以看到演员换上戏服的过程，尴尬便发生了。这是一种隐喻，有助于解释为什么我在为《窘迫》试镜时的体验那么奇怪——那是故意把后台的事情搬上了舞台。

在朗读自己的日记时，我在畏缩，既因为我不再是写下这些文字的那个天真的、受到保护的孩子，也因为我仍全然是写下这些文字的那个天真的、受到保护的孩子。我开始意识到，当你一不留神让一个没拿剧本、未经修饰的自我跑出来的时候，就会体验到畏缩的感觉。还有什么比十几岁的自己更不加修饰呢？举个例子，中学时代的我，是一个对友谊缺乏信心的自命清高之辈，把热情献给了许多琐碎的小事，对一切事情都过于认真（比如在 1998 年 4 月 14 日，我在日记中这样写道："86 年前，'泰坦尼克号'沉没了，好伤心。"）。从七年级算起，我本人经历了 20 年的改变，但说实话，30 多岁的我仍然拥有这些特质，只是现在的我在非常努力地隐藏我人格中的这些方面。每当我做了一些会显得我过于兴奋或者过于渴望遵守规则的事情时，就好像是中学时代的我回到了表演现场，瞪大眼睛盯着我的成年生活，而我拼命地想在别人看到她之前把她推回去。你回 1998 年去吧。快点儿，回去！

不仅仅是我自己。喜剧演员皮特·霍尔姆斯在他的播客《你让人感觉怪怪的》中，讲述了他与格伦·汉塞德共同主持一场现场演出时发生的故事。格伦·汉塞德是一位爱尔兰音乐家，最为人所知的杰作是与玛可塔·伊尔格洛娃共同出演并献声、在 2007 年获得奥斯卡提名的音乐电影《曾经》(*Once*)。在现场演出中，汉塞德邀请了霍尔姆斯的女友瓦莱丽·钱尼——她的声音很好听——与他们一起上台。开始演奏《曾经》里动听的对唱歌曲《慢慢下降》时，他转向霍尔姆斯和钱尼，问："要不要一起唱？"

"我吗？"霍尔姆斯问道。汉塞德没有回答，大概是因为他正忙着演奏。于是霍尔姆斯从座位上站起来，和汉塞德一起唱了这首情歌。"坐上这艘正在下沉的船，对准家的方向，我们仍然有时间。"霍尔姆斯兴致很高。歌唱完了，观众鼓掌。

这时汉塞德说："我问的是瓦莱丽。"

观众哄堂大笑。霍尔姆斯试图从容应对，但事实上，他后来在自己的节目中说，他感到很丢脸。"在内心深处，我是那个八年级的胖孩子；是那个手心爱出汗、发型古怪、T恤不合身、胸部肥大的孩子；是那个想要跳舞时就会感到害怕并总是被绊倒的孩子……我可以出去大声说服人们，说我是坚不可摧的，但那个孩子仍然在我心里。当我做出那样的事情时……我又变成了他。"

你十几岁时的经历与你如影随形是有原因的。你可能听说过"怀旧性记忆上涨"（reminiscence bump），心理学家用这个术语描述这样一种现象：相较于其他阶段，对在 10~30 岁发生在我们生活中的事情，我们往往能够回忆得更加清晰生动。研究人员有多个用于解释这种现象的理论，例如，也许这些记忆因其新奇而突出。你更容易记住你的初吻，而不是第 11 个吻，这是说得通的。但除此之外，纵观我们的整个人生，所有突出的记忆点都是与我们的自我意识相关联的。在尴尬的青少年时期，你正在为成年后将要踏上的道路打下基础——你加入校报社，第一次看到自己的名字变成铅字；你找了一份无偿的课后辅导工作，意识到自己想成为一名小学老师。你一辈子都把青少年时期的自我装在心间，在某种程度上是因为，你正是在那段时间才成为现在的自己。

我开始把自己内心深处的少年看成我成年后仍感觉得到尴尬的无形煽动者。当我因为在工作陈述中说了傻话而感到尴尬时，那就是她捣的鬼——就和穿着不合身的牛仔裤去上学时同样难为情，这是生怕因为不合群而遭到排斥的极端社交恐惧。当我跟别人说完再见才发现两人要往同一个方向走，于是不知道该说些什么的时候，那也是因为她出现了——这让我想起了八年级时的那两个星期，那时我有一个"男朋友"，可我从来没有和他交谈过，因为我从来不知道该说些什么。社会环境中的不确定性对青少年来说是非常可怕的，但事实是，我们大多数成年人同样不擅长处理这种不确定性。但在自我意识和不确定性的背后，隐藏着对一窥"镜像自我"（looking-glass self）的恐惧，这个短语在心理学研究中长期存在，被用来描述他人对我们的看法帮助我们形成自我概念的方式。换句话说，我们指望通过他人看到自己折射出的镜像，当我们不喜欢自己看到的东西时，我们就会感到非常尴尬。

当我告诉别人我在研究"尴尬学"时，他们倾向于认为我写的是关于性格特征的作品，就像是内向或者害羞。我不确定这是否准确。我感兴趣的是将尴尬当作一种情感去理解，而不是特质，尽管它可以同时被视为这两种东西。例如，研究"厌倦"之类情绪的人员，会用"特质"（trait）和"状态"（state）这两个术语来做出区分。"特质性厌倦"是一个人体验这种感觉的倾向——有些人比其他人更容易感到厌倦，这是一种趋于稳定且持久的特征，不会随着情况的改变而变化。另一方面，"状态性厌倦"是短暂的，依赖具体情境。同样的道理，有些人会比其他人更频繁地感到尴尬，不过也有一些特定情况会让大多数人畏缩不前。

哲学家亚当·科茨科（Adam Kotsko）观察到，美国流行文化更多地把尴尬问题设想成一种个性特征，将其视作不适应社会的个体出现的原因。只要迈克尔·斯科特或者拉里·大卫或者你，亲爱的尴尬人，能够学会遵守礼貌社会的规则，尴尬就不复存在。然而，这真的是有关尴尬的全部真相吗？在美版《办公室》（*The Office*）第二季的某集里，迈克尔邀请大楼的物业经理比利参加一场仓促召开的会议，讨论尊重及不侮辱残疾人的重要性。比利坐着轮椅，对邓德米福林公司的员工们说："我从 4 岁开始就坐在轮椅上了。我甚至已经注意不到它了。"对此，迈克尔回答道："他们注意到了，对不对？"带着指责的口气，他向他的员工们诘问道："他进来的时候，你们第一眼看到的就是它，不是吗？"这是一个令人想找条地缝钻进去的尴尬时刻，然而很明显，迈克尔自己并不觉得尴尬。正是这样的时刻提醒我，仅仅用"尴尬的人"这个词来理解尴尬是不够的。

在研究过尴尬的方方面面之后，我意外地从中体会到了共同人性（common humanity），而不是像内向、害羞或者神经质之类的让人感到孤立的个体特征。如果它是一种感觉，就像幸福、嫉妒或者好奇等其他老派的美国情感，那么它就是一个我们可以完全认识的概念。"没有什么尴尬时刻，"奥普拉·温弗瑞曾说，"因为我知道，我不可能有机会体验……别人不曾有过的经历。"顺便说一句，

"窘迫"是"尴尬"不可缺少的一部分，因为尴尬的时刻也是令人窘迫的（或者至少包含了令人窘迫的风险）。在我看来，"尴尬"是"窘迫"中体现自我意识的一面，再加上一定程度的不确定性：哦，天哪，我现在不知道该说什么或者做什么。无论如何，我并不是要和奥普拉展开论战，但是"尴尬"或者"难堪"的显而易见的普遍性中的事实并不意味着这种感觉不存在。恰恰相反，这一事实凸显了这种感觉的重要性。那些让你尴尬的事情通常是值得分享的，因为它们可以帮助别人减轻孤独感。每当你从别人那里体会到"二手"尴尬时，你都会经历这种感觉。在 2005 年左右，我曾与一个精神敏感的人约会，每次我们一起看《美国偶像》的海选时，他都要离开房间，因为那些在国家级电视台上让自己难堪的歌手会让他感到非常不舒服。他感觉得到他们的痛苦，就好像那些都是他自己的痛苦。逃离那种让自己尴尬的处境是可以理解的反应，但是如果你能教会自己忍受那种情况呢？说不定你可以学着以同理心为途径去同情，同情他人，也同情自己。从某种角度来看，尴尬是一种有价值的感受，是一种值得探索而不是需要逃避的情感。如果我们允许，小小的耻辱可以把人们团结在一起。同是天涯荒唐人，相逢何必曾相识。

🐱🐱🐱

回到我在《窘迫》的试镜，我最终偶然发现了一些能让制作人振奋起来的内容。"1998 年 4 月 26 日，"我读道，"去年这个时候，我和我的朋友们才刚刚开始喜欢汉森乐队。我们正在为亨茨维尔之旅做准备。我记得我们想在公共汽车上唱 *MMMBop*，但是我们不知道歌词。"

多契奇突然大笑起来，我认为这又是一个让我停止阅读的信号。"你们想唱 *MMMBop*，"他重复道，"但你们不知道歌词——哦，我的天哪！"他转向了楚帕斯卡和加兰特。"要我说，这就是典型的'窘迫'。"他对他们说。在为节目选角的过程中，他们寻找的是仍然生活在我们内心的那些可爱、天真、认真、全然不知所措的青少年，而我的这篇日记显然已经满足了所有条件。尽管我知道这不是一次真正的试镜，但当他们把我列为 3 月份的参演嘉宾时，我还是有点惊讶。我和楚帕斯卡搭档，他会帮我把我的日记编辑成一则 10 分钟的故事，一则我可以在节目中朗读的连贯故事。第二天，以及在接下来的几个星期，我告诉我的朋友和同事们，几个月之后，我将在台上朗读我七年级时写的日记，几乎每个人的反应都是用这样或那样的措辞问出同一个问题：为什么？！在很长一段时间里，除了"为了研究"，我对这个问题没有其他的回答。我们中的大多数人都在以让自己尽可能地少经历尴尬时刻为目标来构建自己的生活，然而，在《窘迫》中，有这样一群古怪的人在故意地寻找这种感觉，他们每个月都聚在一起，以此为乐 3 个小时。他们知道些什么我们其他人不知道的事情吗？

第一部　原来我当时是那样的？

01

部落人对自我意识的恐惧

1969 年，人类学家埃德蒙·卡朋特（Edmund Carpenter）和摄影师阿德莱德·德·梅尼尔（Adelaide de Menil）访问了新几内亚，研究居住在巴布亚高原的拜阿米部落（Biami）。后来结为伉俪的卡朋特和梅尼尔带着一项明确的使命开始了他们的冒险之旅：与拜阿米人共处的时光将为"穿梭一万年的媒介史提供一个前所未有的机会"。正如卡朋特后来所写的那样："我想观察……当一个人第一次看到自己出现在镜子里、照片里、屏幕上，当他第一次听到自己的声音、第一次看到自己的名字时，会发生什么。"

正如那段话所暗示的，卡朋特特别为这座小岛上的人所吸引，是因为在那个时候，他几乎可以肯定，还没有一个拜阿米人看到过自己全身的倒影。拜阿米人只有小块的镜子，当然也没有照相机，而且他们家乡的河流环境也不足以呈现出清晰的倒影来让他们正儿八经地欣赏自己。卡朋特写道："我怀疑拜阿米人是否清楚地看到过自己。"他们可以依据自己的影子来估计自己的身材和体形，但是卡朋特推断，他们对自己长相的了解大多来自部落里其他成员的评论或行为。不管是好是坏，卡朋特和梅尼尔的到来都会改变这种情况。他们带来了摄像机、宝丽来相机、磁带录音机和镜子，让拜阿米人能看到自己的样子、听到自己的声音。

根据卡朋特的报告，当拜阿米人看到自己的样子时，他们表现出了这位人类学家后来用于为其论文命名的"部落人对自我意识的恐惧"。换言之，他们吓坏了。看到自己的整个身形出现在一面大镜子里时，"部落成员的反应是一样的：他们低下头，捂住自己的嘴巴"。他在报告中写道："他们被吓呆了，在最初的震惊反应之后……他们目瞪口呆地站在那里，盯着自己的样子，只有腹部的肌肉泄露出内心巨大的紧张。"

拜阿米人第一次在磁带上听到自己的声音时也有类似的反应。"磁带录音机让他们吓了一跳。"卡朋特在他的文章中回忆道，"当我第一次打开它，回放他们自己的声音时，他们就跳开了。他们明白那些话的意思，却没有意识到那是自己的声音，所以他们大声回击，既困惑又惊慌。"这是第一次，每位部落成员头脑中的"我"的概念与他们在其他人眼前呈现出的样子并立在一起。卡朋特写道："除了物理上的自我，人类还拥有一个符号自我，这种观念广泛存在，甚至可能普遍存在。镜子证实了这一点，不仅如此，它还揭示出符号自我存在于物理自我之外。符号自我突然间变得清晰、公开、脆弱，人类最初的反应可能总是创伤性的。"

由于恐惧很快变成了着迷，拜阿米人克服了最初的疑惧。"在短短几天内……他们开始大大方方地在镜子前打扮自己。"卡朋特观察道，"在短得令人惊讶的时间里，这些村民……就自己拍视频，互相用宝丽来相机拍摄照片，没完没了地玩磁带录音机。"尽管如此，卡朋特还是被他们最初的强烈反应吸引了。他思索着：

> 当镜子变成了日常生活的一部分，我们很容易忘记自我发现、自我意识是多么可怕。但是在新几内亚……镜子仍然会产生常与自我意识相伴而来的强烈焦虑——那种部落恐惧。
>
> 当人们只能通过别人的反应了解自己，然后突然间，第一次通过某些新技术，用一种全新的方式清楚地看到自己时，他们常常会感觉非常恐惧、非常兴奋，以至于做出捂嘴、低头等动作。
>
> 我认为他们这样做是为了防止失去身份。新几内亚人的说法是失去灵魂，但其实是一回事。这是他们对任何突如其来的尴尬、任何突如其来的自我意识的反应。

值得一提的是，一些人类学家以怀疑的态度看待卡朋特的报告，他们同样质疑拜阿米部落的成员是否真的从未见过自己的倒影。但即便这只是一则寓言，它也构成了一个有用的隐喻。在他的著作中，卡朋特的话语让我想起了几年前一种被称为"视频通话整容"（FaceTime Facelift）的新兴整形手术项目。2010 年左右，这是一个网络编辑和电视新闻制作人都无法抗拒的"热门话题"。我是很有资格说这话的，因为我与这两种人都密切合作过。到 2012 年春天，华盛顿特区的整形外科医生罗伯特·西加尔博士估计，在他每年见到的约 100 个要求整容的来访者中，有差不多 1/4 的人是因为厌恶自己在视频通话中的样子才走进他的办公室的。"他们会说，'我不爱看自己视频聊天时的样子'，"他在描述这种手术的视频中说，"'我的脖子看起来又粗又肥。'"

为了消除他们的担忧，西加尔设计出了新的手术方法，类似于标准的颈部提拉手术，但有一个重要的区别：这个手术的切口是在耳朵后面，而不是在下巴下面，这意味着疤痕会被隐藏在你的视频聊天对象看不到的位置。西加尔说，视频通话的问题在于，它就像一面"类固醇上的镜子"。卡朋特这篇关于拜阿米部落的文章写于苹果手机问世的 40 年前，但他似乎说对了：2010 年左右，确实出现了一些"新技术"，迫使人们"以全新的方式清晰地看待自己"。

我们中的很多人都想了解自己。我们记录自己行走的步数；我们痴迷于记录极其详尽的子弹笔记（bullet journals）；我们花 69 美元来测试自己的 DNA；我们对新闻网站上的性格小测验嗤之以鼻，却还是老实作答。对了，我的性格更像《权力的游戏》里面的弥桑黛，你的测试结果是哪位女士呢？

我们之所以做这些事，至少部分原因是，我们自知只能看到有限的自己。你看待自己的方式和别人看待你的方式之间往往存在着明显的差异，心理学家菲利普·罗查特（Philippe Rochat）称之为"无法逾越的鸿沟"（the irreconcilable gap）。这个词对我来说还是相当新鲜的，但它描述的那种感觉不是。想想那些被我们认为"令人尴尬"的情景：听到自己的声音；看到一张自己的丑照；向老板要求升职。在这些情况下，你认为你所呈现给世界的样子被迫与现实世界看到的你的样子狭路相逢。你本不在意你的声音，直到你听到自己的录音；你觉得自己挺好看，直到一张你自己毫无吸引力的照片表明事实并非如此；你自认为是一个领导者，但你的老板仍然当你是初级职员。这些情景让你对自己有了新的认识，明白了别人是怎么看待你的，尤其是当别人对你的看法赶不上你的自我评价时。

以视频通话为例，几十年来，视频通话一直被认为是科技领域的"下一个热门事件"，但普及速度却远远没跟上许多专家的预测。专家们预言这项技术将会持续很长一段时间：1964 年，贝尔实验室在纽约世界博览会上推出了当时技术最尖端的视频通话服务——可视电话（Picturephone）。6 年后，贝尔在匹兹堡的 8 家公司里安装了 38 台这样的设备，这样一个开端还算是说得过去，但贝尔对视频通话设备有着宏伟的计划：他展望，到 1975 年全美国将有 10 万台处于应用状态的设备，到 1980 年将达到 100 万台。

期望虽高，可视电话却彻底失败了，原因有几个，成本是其中之一。在 1964 年的世界博览会上，一通视频通话每分钟收费 27 美元，约合今天 200 美元。在公司总部，工程师罗伯特·拉齐是为数不多的在办公桌上安装了可视电话的人之一，但他只接到过老板阿诺·彭齐亚斯的来电。"我觉得它很令人尴尬，"拉齐这样描述这台设备，"因为我不得不盯着他看。"40 年后，美国电话电报（AT&T）公司的历史学家谢尔顿·霍克海瑟也表达了与拉齐相似的观点。他猜测这款电话之所以失败，是因为"并不能完全确定人们愿意在电话上被人盯着看"。

几十年后，像 FaceTime 这样的新一代视频聊天应用也让人体会到了同样的不适感。根据谷歌最近的一项调查，大约 1/6 的美国人说他们避免使用视频聊天应用，因为它让人觉得"无礼"。你应该往哪里看？看镜头，也就是看向对方的"眼睛"？还是看屏幕上对方真正的眼睛（这会让对方觉得你是在看旁边而不是在看他／她本人）？还有，难道就没有人会因为对方的脸撑满了屏幕而感到厌恶吗？那样就好像你俩隔着令人不自在的仅仅 10 英寸①亲密距离面面相觑。

此外，人们对自己在视频聊天中的样子非常关注，这是可以理解的。你或许觉得"视频聊天整容手术"听起来很极端，那么要知道，从《华尔街日报》(the Wall Street Journal) 到《悦己》(SELF) 杂志等众多出版物都发表过针对视频通话的指南，向读者提供一些如何在视频聊天中显得更有吸引力的非手术建议。有那么一阵子，似乎 FaceTime 在 2010 年秋天随着 iPhone 4 一同问世，验证了大卫·福斯特·华莱士（David Foster Wallace）在《无尽的玩笑》(Infinite Jest) 一书中关于"视频压力"(videophonic stress) 的预言。这种压力"还有可能变得更糟，你可能会变得过分虚荣，如果你特别在意自己的脸面，也就是其他人眼中你的外表的话。而且不开玩笑地说，谁会不在意呢？"

---

① 1 英寸等于 2.54 厘米，1 英尺等于 0.3048 米。——本书脚注均为编者注

许多年前，菲利普·罗查特乘地铁时，一群年轻女士带着一沓刚刚冲洗出来的照片上了车，那些照片是在最近的一次聚会上拍下的。她们聚成一团，越过彼此的肩膀翻看那些照片时，"在车厢里引起了一阵骚乱"，他在 2009 年出版的《心念他人》（*Others in Mind*）一书中如此回忆道。当某位女士看到一张有损自己形象的照片时，就会将它一把夺走，试图不让朋友们看到。某个年龄段的读者可能会由此回想起，这就是"脸书"出现之前你要求朋友去掉他们给你贴上的标签的方式。罗查特是埃默里大学的发展心理学家，他的研究工作主要关注自我意识，所以那天在地铁上，他以科学家的眼光观察着那群人的滑稽动作。

"这些女士的行为固然很顽皮，"他后来写道，"但那种行为背后的力量和紧张是非常强大的。"在他的著作中，那些年轻女性看到自认为的丑照时尖叫抢夺的样子似乎令他觉得有趣，但文中也格外强调了，他们的行为启发他联想到了自己目前正在思考的理论："无法逾越的鸿沟"。

在和他的母亲聊起她最近接受的白内障手术后，他就一直在思考这个问题。"她突然看清了周围的世界。"他在电话里用令人愉快的瑞士法语口音（他来自瑞士日内瓦，师从著名的发展心理学家让·皮亚杰）对我说，"她在恐慌中给我打了个电话——她告诉我，她路过镜子的时候看到了自己真正的样子，她完全被吓坏了。"她现在可以看到，她比自己想象的要老得多。罗查特自己现在也已经

60 多岁了，他了解这种感觉。他告诉我，年纪越大，越会觉得自己比在镜子中看到的人年轻得多。

我们的通话变成了他的迷你讲座，他向我解释了衰老和外表的意义，我感觉自己有点儿像是被拽进了一道音频版本的"无法逾越的鸿沟"。在他看来——哦，听来——我肯定比我的实际年龄年轻。在做记者的这些年里，数百次采访经验让我了解到，我在电话里的声音听起来就像个十几岁的孩子。有一次，我采访了一位心理学家，探讨那些害怕飞行的人的心理。我不记得他想表达什么了，但在我们谈话的过程中，他说了一些类似这样的话："我不知道你这个年龄的人对'9·11 事件'还有没有印象。"那是在 2014 年，我 29 岁。2001 年 9 月 11 日那天，我 16 岁。是的，天啊，我已经老到能记得住"9·11"了。

现在，我是个 30 多岁的美国女人，这意味着我能体会些许眼看自己容颜老去而引发的沮丧和焦虑。在很长一段时间里，我都没有特别在意眼睛下面的细纹，我觉得只要睡几个好觉它们就会消失，可是它们没有。最近我才突然意识到，这可能就是我现在的模样了。

接着说我和罗查特那段关于衰老的谈话。关于他的母亲，他告诉我："她正在面对一道很难逾越的鸿沟：内心深处的感觉，以及外表投射出的形象。"一些研究尴尬的心理学家把这叫作"生命自我"和"肉体自我"之间的区别：前者存在于精神世界中，而后者出现在现实世界里。你可以假装这两个自我是一体的，是相同的，直到某种令人难堪的晦气事情发生，把你从那个幻想中猛然拉出来。

你脚下拌蒜，让自己跌倒，或是撞上了一扇极其干净的玻璃门，你忽然间意识到自己的样子肯定非常可笑，而那个在外面招摇过市的你并不总是能达到你在想象中给自己设立的标准。

这是人类一种根深蒂固的恐惧，罗查特告诉我。他相信在我们还不到两岁的时候，这种恐惧就已经开始扎下根来。从大约 18 个月开始，孩子们开始在镜子中认出自己的样子。这是一项经典的心理测试，长期以来被认为是自我意识的标志。罗查特对此的看法略有不同：他认为这是我们第一次进行自我觉察（self-conscious）。实验者偷偷在小孩的额头上粘贴便签，以此对这项假设进行检验。如果婴儿还不到 18 个月，他就不会因便签而显得困扰。然而，超过 18 个月的婴儿似乎被这张意想不到的便签弄得不知所措，会试图把它揭掉。在罗查特看来，这是一种迹象，表明这个年龄的婴儿会注意到他们内在的自我形象与他们在镜子中看到的形象不相符。你看待自己的方式不一定是世界看待你的方式，这是我们在很小的时候就开始学习的深刻一课。

你的自我认知和别人对你的看法之间的分歧，有助于解释为什么与其他人的交往——这本该是一件自然的，甚至是有趣的事情——有时会让人感到不安。你想让他们看到你眼中的自己，或者至少是你当下想要表现出的自己，而把那个版本的自己呈现给对方往往需要一定程度的表演。脱口秀主持人艾伦·德詹尼丝讲过一个与此有关的笑话，说的是有时候人们会在脚下发生磕绊之后，索性莫名其妙地慢跑起来，就好像在对所有看到那一幕的人说，哦，我本来就打算跑步的。

在同一期节目中，德詹尼丝还简要地探讨了另一种已经被我们大多数人内化为习惯的对磕绊和跌倒的处理方式：即使你真的伤到了自己，也没关系。你强忍痛苦，一笑而过。毫无疑问，身体上的疼痛较为直接，但社交上的痛苦有时候会更加强烈，持续的时间也可能更久。几年前的某个清晨 6 点钟，我在东河的林荫道上跑步时遇到了我那位喜欢早起的朋友玛丽。我自认不具备成为早起者的生理特质，但有时候我喜欢表现得像是一个爱早起的人，就在那一天，我的伪装让我自食其果：我们才慢跑了大约 10 步，我就径直撞上了一根路灯柱。

我知道！不，我也不知道是怎么回事。你应该能想到，我疼得要死。不知怎么回事，我的右大腿承受了主要的冲击力，回到家后，我看到了一团狰狞的紫色瘀伤。然而，在那一刻，我强忍着剧烈的疼痛笑了起来，站起来继续跑。"我没事。"我记得我这么骗玛丽，"不，真的，我没事。有事我会说的。"

才不会呢，有事我也不会告诉她，而且我打赌你也不会。这是我们在彼此面前做戏的一个小例子。想想社会学家欧文·戈夫曼的观点：社会是一座舞台。那天在东河林荫道上跟玛丽在一起时，我假装自己没事，就这样把她从鸿沟的对岸邀请到了我这边。在这边，我们继续前进，假装那个令人吃惊的笨拙时刻不曾存在。在每次像这样的一场小小表演中，我们都在"无法逾越的鸿沟"上仓促地建造起桥梁。

除了试图以某种特定方式展现自己，我们还在努力解读他人尝试给我们留下的印象。那个表情是什么意思？那个语气是怎么回事？我们执迷于这些细微线索，一方面是因为我们想要弄清楚他人对我们的评价，另一方面是为了监控对方是否乐于接受我们想要塑造出的形象。由于自我认知和他人认知之间的差距，这往往是一项艰难的任务。"将这两者统一起来的努力是一个没有止境的追求。"罗查特告诉我，"我们努力调和，就像是与风车战斗的堂吉诃德。"

戈夫曼把这称为"信息游戏"（information game）。有时为了引导别人来到鸿沟彼岸，在自己所在的这一侧，我们会故意做一些细微的事情。比如，在衣着上花些心思：你小心翼翼地歪戴帽子，或者故意只把衬衫的一侧塞进裤腰。你也可能把这样的心思运用到发短信之类的事情中：你可以关闭智能手机的自动更正功能，以保持全文小写的优雅美感。但我们还是有可能无意间发出一些关于自己的非文字信号，比如肢体语言、面部表情或者说话的语调。

要想成功避免尴尬，你必须接受我正在创造的情景，并以之为依据对待我，而我也必须为你做同样的事情。这就和即兴演出的基本规则差不多：是的，而且（yes，and）。即兴演出的演员们都会接受演出搭档所呈现的任何现实，并做出相应的回应。如果有人以扮演校车司机开创一幕场景，只有喜欢出风头的傻子才会跳出来说什么"不，这是一艘火箭飞船。你是一个外星人。我们正朝着月亮前进"！同样的道理，当我说了我很好，即便你刚刚看着我一头撞上灯柱，你也要顺着我的话说——如果你不想让气氛变得奇怪的话。当一个人——无论是我们自己还是其他人——表现出的自我被证明与现实不符，而且这种不符无法用善意的谎言抚平，尴尬感便油然而生。在专门提供单词或者词组的"市井"释义的单词网站"城市

词典"（Urban Dictionary）上，对"尴尬"一词排名最高的解释是
"你在前往硬币兑换机的路上遇到一个无家可归的人"。如果继续用
戈夫曼的戏剧理论类比，我们只能在"后台"才能放松下来。他的
意思是，当我们和亲密的朋友及家人在一起时，才终于可以停止表
演。我们可以选择中断演出，事实上，我们最好不要一直演戏，没
有人喜欢生活在"舞台上"的人。

　　这就是我们组织社交生活的方式。我们相互配合，构建自己
的身份，将我们对自己的想法轻快地抛来抛去，就像是演唱会舞台
上的气球。如果我们的想法以某种方式被打破，那又怎样？那将造
成我们身份的丧失，正如埃德蒙·卡朋特多年前在新几内亚观察到
的那样。以存在主义的方式想一想，如果我们都在伪装，那是多么
可怕的事情。我是说，我知道，你也知道，但是，天啊，咱们还是
看破不说破好了。如果你没有按照我看待自己的方式来看待我，那
么我为了让你相信我是谁而付出的一切努力还有意义吗？说到这
个——我是谁？

　　我们在"无法逾越的鸿沟"旁边蹑手蹑脚地迂回时感到的
不安来自我们对被社会排斥的恐惧以及我们称之为"演化残留"
（evolutionary holdover）的生存本能。在谈论这种本能时，人们倾
向于认为它已经失去了用途，好像它只是一种过时的感觉，活跃于
我们的蜥蜴脑（lizard brain）中，源自一个被赶出社会团体几乎肯
定意味着孤独地死亡的时代。然而，即便今天人们不再受到饥饿的
剑齿虎的威胁，被孤立也会带来伤害。当代社会科学统计了社交孤
立的潜在危害，发现孤独可以使一个人的死亡风险增加26％——

与肥胖造成的健康风险相当。我们都在尽最大努力展示能被其他所有人接受的那个自己，难怪当我们意识到自己最大的努力并没有获得预期的成效时，感觉是那么可怕。

当我们说类似"我好尴尬！"这样的话时，我认为有时候我们想要表达的其实是，我们正感受到日常社交生活可以是多么纠结、混乱。如果你在想要给人留下好印象时紧张起来，也许并不是因为你真的感受到了尴尬，而是因为你太真实了。这是个复杂的问题，远远超过它表面看上去的样子。

对日常生活中的尴尬过于敏感可能是很痛苦的，但比起那些迟钝的人，我宁愿做一个意识得到尴尬的人。"有史以来最尴尬文学形象"的竞争者中肯定会有《傲慢与偏见》里的柯林斯先生——伊丽莎白·班纳特的"呆笨又刻板"的追求者。在全书靠前的篇章中有一幕发生在尼日斐花园里的场景，伊丽莎白不得不成为柯林斯先生的舞伴。在接连两支舞中，他都因为"动作错误却不自知"而令她厌烦。他的懵然无知使他的行为显得更加尴尬，就像他那个令人生厌的习惯：定期提醒大家，他与社会地位很高的凯瑟琳·德·布尔夫人关系密切。他就看不出来自己有多么可笑吗？

与柯林斯形成对照的是奥斯汀笔下的另一位追求者：爱德华·费勒斯，《理智与情感》中笨拙却浪漫的主角。"我从无意得罪别人，"他对达什伍德姐妹说，"但我天生腼腆，蠢得可笑，以致常常显得傲慢无礼，其实那时我只是因为天生容易尴尬而畏缩不前。"爱德华很笨拙，但他心里有数。他也敏锐地意识到他的意图与其他人对这些意图的解读之间存在分歧。这是一种更好的状态，我们将在第二章和第三章中对此详细介绍。如果意识不到一条鸿沟的存在，你便无法填补它。

在我写这一章的时候，《纽约》（*New York*）杂志社公共关系部门兴高采烈地要求编辑人员拍摄新的头像。他们显然更喜欢把我们穿着制服的照片用于公开宣传，而不是用从我们的社交媒体资料中摘取的度假照片。例如，我长时间用于在线会议系统的头像照片，是我在华盛顿州斯诺夸尔米瀑布附近徒步旅行后，穿着亮粉色的耐克连帽衫，头发微卷，对着镜头咧嘴笑着的样子。如果用在推特（Twitter）的个人资料里面，这张照片就足够好了，但它难以精准地彰显我"严肃的专业记者"的身份。

轮到我拍照的那天早晨，我谨慎地挑选了衣服，在发型和妆容上花费了比平常更多的时间。在出门之前，我对着卧室的落地长镜仔细打量着自己，对自己的形象感到非常满意。低调但不失魅力。我把自己捯饬得不错，我想。

然而那天晚些时候，我看到成品照片时，感到非常难堪。我的发型比在镜子里看起来塌扁得多，而且很难看出我脸上带着早上花了那么长时间化的妆（不是那种清爽的"素颜妆"）。后来我向朋友们抱怨自己的照片，并和他们换着看。"我看不出来有什么问题，"他们中的大多数人说，"你看起来很漂亮！就和你平常的样子一样。"人们说这样的话，都是为了安慰某个没有安全感的朋友，或者满足一个急需赞美的人，但我听了总觉得有点儿沮丧。你们眼里的我就是这个样子？

看到自己的照片可能会让人感到不安，因为根据意如其名的

"镜像假设"（mirror hypothesis），你在镜子里的样子确实跟你本人不同，这是在新南威尔士大学研究面部感知的大卫·怀特（David White）在一封电子邮件中告诉我的。他还说，人们往往习惯看自己的镜像，以至于"看到自己左右颠倒会觉得很怪异"。这很适合用来类比，解释我们在自我展示方面付出的最大努力可能会以意想不到的方式落空，因为有时候我们就是无法站在其他人的角度看待自己。想想看，若不借助镜子、照片或者视频，你从没有见过你自己的脸——你真实的面孔——这难道不诡异吗？（在这段确凿无疑的讨论结尾处，大卫使用"那个人"作为一种暗喻，也就是说，我们看到的是另一个"人"。）

如果你向人们展示两张照片，一张是他们的镜像，而另一张的左右方向与正常照片的一致（当然，也就是与现实中一致），然后询问他们喜欢哪一张，大多数人会选择镜像，这是他们已经看惯了的形象。你有没有见过自己面部的特写镜头——比方说，你在工作中不得不拍的职业头像——然后注意到你的脸看起来有点儿古怪的不对称？这一点有助于解释人们为什么更喜欢镜像。但是，如果你让其他人评价照片，他们可能更喜欢非镜像的那张。身为那种认为自己不上相的人，这也许是最奇怪的一件事情。你觉得你的照片不好看，但其他人看不出问题，更令人担忧的是，他们是在安慰你，可其实就是在说，是的，你真的就是那样歪着脸招摇过市的。不过，至少他们似乎喜欢你歪着脸的样子。

怀特最近发表了一项研究，把这种在摄影中体现出的"无法逾越的鸿沟"拓宽了：他要求人们发给他十几张从他们的脸书

（Facebook）个人资料中摘取的照片，然后再由他将照片上紧贴面部轮廓的其余部分裁掉，这样每张照片看起来就都差不多了。然后怀特和他的同事们要求照片的所有者做出选择，挑出他们认为最适合脸书、领英（LinkedIn）和约会网站的照片分别是哪张。他们还需要评估自己在每张照片中各有多大的魅力，以及他们的面部表情投射出多大的自信心。

　　然后怀特把照片交给陌生人评价，得到的回答与参选者自己的评分不一致，这暗示着我们并不擅长猜测自己为在线个人资料选择的照片会给别人留下什么样的印象。如果是为脸书或者推特选择的照片，这还不怎么要紧。例如，在照片墙上，我个人资料上的头像多年来一直是一张我和我的猫做出同样的轻蔑表情的合影。这是我最喜欢的照片之一，任何人的否定意见都不能说服我换掉它。但在其他情境中，这种事就显得意义重大了，比如我们会特意选择用来在领英上给招聘人员留下深刻印象，或是在交友应用程序中吸引潜在约会对象的照片。我们不知道自己在他人面前是如何表现的，我们甚至可能都不知道我们不知道这件事情。

　　值得欣慰的是，心理学研究表明，我们确实很善于理解我们的总体声誉，或者是某个群体以整体的形式"看到"我们的方式——也就是说，我们能理解他们是如何感知我们的个性的。比如，考虑一下你的工作团队，不是你的每一位同事，而是把所有人看作一个整体，每天和你一起工作的那一群人。你认为他们觉得你有多聪明？他们是否觉得你很有趣？体贴？友好？他们发现你的戒备心了吗？他们会认为你是一个好领导吗？

好消息是，不管你怎么想，你都可能是对的。最近，一篇针对26项有关元准确性（meta-accuracy，心理学家用于表述对他人想法的准确感知的术语）的研究的综述表明，大多数人都很擅长了解一个群体对他们的总体看法。在一次相关的实验中，研究人员要求受试人员在团队中工作，然后询问每个人对与他们同团队的其他成员的看法，并让他们对每个人的智力、幽默感、体贴程度、戒备心、友善程度和领导能力进行打分。每个接受研究的志愿者还被要求猜测其他人是如何评价他们的这些品质的。最后发现，人们非常善于猜测团队同伴对自己的看法，准确性甚至超过了用概率预测得到的结果。

我们是根据自己的自我认知做出这些猜测的，这种自我认知往往确实与整个世界对我们的认知非常吻合，康涅狄格大学研究元准确性的心理学家大卫·A. 肯尼（David A. Kenny）如此解释。"那些认为自己通常会给他人留下坏印象的人确实会给人留下不好的印象。"肯尼告诉我，"而认为自己会给他人留下好印象的人，还就真的会给人留下好印象。"偶尔我参加会议时会把这一点记在心间。如果我感觉我的陈述做得很顺利，那么我可以放心地认为可能就是很顺利。如果我感觉自己砸锅了，那么，至少心里有数总是好事。

然而，我们的个性中有一些方面是别人看得到而我们自己看不到的。2013年的一项研究探索了这些盲点。研究人员首先要求受试人员给自己37种不同的特征和倾向打分，其中包括一些明显的特征，比如懒惰程度和守时程度，但列表中还包括一些对外人来说不太明显的倾向，比如一个人的想象力是丰富还是匮乏，或者他们有多么频繁地感到忧虑。受试者的朋友和家人也收到了问卷，他们也要对其打分。最后，受试者需要猜测他们的朋友和家人会如何评价自己。

有趣的是，对许多可以从外部观察到的特征而言，平均来说，受试者们能够准确地预测朋友和家人对他们的评价。他们知道别人认为他们有多么懒惰，他们知道朋友们认为他们迟到的可能性有多大。他们可能不喜欢自己在别人眼中的样子，但至少他们了解自己在别人眼中是什么样子。

不过，对于那些更微妙的特质，比如想象力或者焦虑倾向，结果就不尽然了。例如，你的朋友和家人可能不认为你很有想象力，他们怎么会知道呢？他们又看不到你脑海中想象出的缤纷世界，尤其是如果你从来没有把你的想象告诉任何人的话。或者他们会认为你是稳定和平静的源泉，但实际上你每天晚上都伴着忧虑入睡。这样的特质还有很多，但在这项研究中有两个更值得注意的观察结果：受试者无法准确地估计出，在其他人眼中，他们有多喜欢（或者不喜欢）帮助别人，以及他们有多害怕被拒绝。

这让我想起了一段时间之前，我和一个朋友进行过一次奇怪的交流。当时她向我发送即时消息，里面有我写的一篇博客的链接，内容是关于孤独的最新研究。"我还没点开就知道是你写的。"她写道，"你总是报道最悲伤的东西。"

"哈哈。"我回复道。但我在想："对不起，什么？"当时我自认为是一个搞笑博主，用我的智慧和学识点亮了人们的生活，可她却觉得我有些扫兴。

我们不可能一下子就完全看清自己，所以我们依赖别人的视角来填补空白。这触及社会科学中一个古老的观点：整合他人对我们的反应，是构建我们的自我意识的途径之一。然而，你看待自己的方式和别人看待你的方式之间的区别有时是那么明显，以至于透过别人的眼光看待自己时，会觉得如此难以辨认，简直就像是另外一个人。让成年人接受这个差异就已经够难的了，对孩子们而言，这往往会真的让他们感到困惑。心理学家让·皮亚杰曾经描写他的女儿杰奎琳是如何指称自己在镜子或照片里的形象的。在她 23 个月大的时候，小女孩和她的父亲以及奥德特阿姨一起走进屋子，说她想在镜子里看到这三个人，但是皮亚杰认为她当时表达要求的方式是在告诉人们：她想在玻璃里看到"爸爸、奥德特和杰奎琳"，就好像杰奎琳是另一个女孩，而非她自己。

最近，发展心理学家丹尼尔·J. 波维内利（Daniel J. Povinelli）在两三岁的孩子身上观察到了与此类似的现象：他们与自己的照片、录像或者镜像之间的关系也出现了脱节或者分离。3 岁的珍妮弗看了一段自己的视频，画面中的她额头上贴着一张便条，她大声说："那是珍妮弗。"然后又说："但是她为什么要穿我的衬衫呢？"仔细观察别人眼中的自己是一件很奇怪的事情。那是你，但也不是你，但那确实是，又确实不是。

如果你认为别人对你的看法肯定正确，或者至少比你对自己的看法正确，那你肯定是疯了。事情并非如此，或者至少并不总是如此。别人对你的看法你无须太当真，但是，改变一下视角，看看别人从你身上看到了什么，还是值得尝试的，哪怕你看到的东西很伤人。有时候你的好朋友可以扮演你的专属镜子，比如告诉你，你的裤子拉链开了，或者你的鞋上粘着卫生纸。事实上，你会希望能有个好朋友告诉你这些事情，即使当时你会觉得自己很蠢，你也会很高兴他们能如实告诉你。

这些比喻意义上的镜子在我们周围无处不在，而且常常出现在意想不到的地方。在学校里取得的成绩可以是一面镜子，就像工作中的年度绩效考核一样，证明你的工作（和你的价值）一直都在接受别人的评价。礼物也可以发挥这样的作用。在以前的一份工作中，我感觉同事们都觉得我年轻、不成熟。某一年，我的老板送我的圣诞节礼物印证了这种印象，那是一本青少年小说，一本很棒的青少年小说——马库斯·苏萨克的《偷书贼》（*The Book Thief*），我读过这本小说，读得很开心，可解读这份礼物背后的含义却让我不太高兴。

或者考虑一下工资谈判的场景。它就像一面人们用来化妆的放大镜，能让你看清自己的每一个毛孔。你用确凿无疑的数字坦率地说明你认为自己有多大价值，也由此冒着很大的风险——被作为你谈判对象的老板或者招聘经理拒绝的风险。他们也许会告诉你，在公司看来，你的价值要低得多。

2015 年，针对这一话题，薪酬对比网站 PayScale 在用户中开展了一次算不上学术研究的有趣调查。在约 3.1 万名受访者中，只有不到一半的人表示曾要求加薪。在那些从未要求加薪的人当中，有约 1/3 的人承认，这是因为他们一想到加薪谈判时的谈话便会感觉很不舒服；另有19%的人害怕别人觉得自己要求过高。女性和"千禧一代"是在曾经要求加薪的人数中所占比例垫底的两大群体。

或者你还可以想到另一种形式的谈判："确定关系"的谈话。在这种谈话中，你必须有足够的勇气告诉你的约会对象，这就是我认为我对你的价值。在一些定性研究中，社会学家对人们进行深入的访谈，并分析他们的答案，得到的数据表明，一些伴侣完全避开了这些谈话。当采访者问及他们是何事推动了他们之间的关系，比如促使他们搬到一起住之类的重要里程碑时，很多人都记不清当时做出决定的情形了。"就那么发生了。"他们说。她的租约到期了，他的房租涨了，然后突然之间，两个人就一起逛起了宜家。

2013年的一项研究进一步探讨了这一动态，发现那些稀里糊涂地进入像同居或婚姻这样关键的承诺节点的人，在他们的关系中感受到的幸福感要低于那些曾与伴侣仔细、审慎地谈论对彼此的期望的人。让你忧虑的尴尬谈话往往是物有所值的，我们在第三章中会更详细地讨论这个话题。

尽管谈判和定义关系的时刻并不是什么新鲜事物，但以他人为镜的类比可以用来解释为什么尴尬已经成了时代精神的一部分。我们现在有了很多新的途径来了解自己在他人眼里的样子。

最近，在一个阳光明媚的星期天，我和我的未婚夫安德鲁在布鲁克林大桥公园里某座繁忙码头上的餐厅小酌。这时我们看到一个人单膝跪地，向同他在一起的女人求婚。她惊喜地用右手捂住了嘴，不过也伸出了左手，好让他在她说出"我愿意"的同时把戒指戴在她的手指上。那是一个值得观赏的美好时刻，周围的环境也很美，曼哈顿的天际线倒映在水中。

这一切都使下一幕场景在远处看来非常有趣。当男友求婚的时候，另一个拿着相机的男人正在拼命地想要挤过人群。当他到达那对爱侣旁边的时候，已经太迟了，那令人惊喜的一刻已经结束了。我和安德鲁看到男朋友在和摄影师沟通，很快，他们开始重现刚才发生过的事：他单膝跪地，她做出惊讶的反应，好让摄影机拍摄下来——大概，这样他们就可以在社交媒体上与朋友和家人分享这一刻了。

我们努力地控制着自己向世界展现出的样子，但也通常会掩饰这种努力。作为对其戏剧类比的扩充，戈夫曼把我们私下里为了构建一个适合公众消费的自我形象而做的事情叫作"后台"活动（"backstage" action）。在高档餐厅约会的小伙子，会趁着约会对象去洗手间的时候在网上搜索怎么用法语念出"维欧尼"白葡萄酒的名字；大学新生会在入学的头几个星期里假装干净整洁，这样新室友就不会知道她私下里其实是个邋遢鬼；我在网络音乐平台上欣赏大家都喜欢的流行金曲时，会把隐私设置改为"公开"，而当我想再重温一遍《欢乐合唱团》（Glee）的原声带时，就会改回"私密"状态。有些事情不需要让别人看到。

我们希望自己在他人面前呈现的形象显得真实可信，也就是说看起来必须毫不做作。如果你曾经因为看到别人显然为了上传到社交媒体而煞费苦心、搔首弄姿地拍摄照片而感到难堪，那么戈夫曼的后台理论就可以解释个中原因。那天，在码头求婚发生之前，我看到一位年轻女性在一张接一张地自拍，脑袋这边歪一下、那边歪一下，比出和平手势又放下，时而带着微笑，时而做出一副愚蠢的表情。我并不是要批评这个人，因为我也会那么做。尤其是在 2016 年的选举日，我肯定自拍了足足几十张才选出一张传到网上。"为什么你好像是在公园里投的票？"那天晚些时候，我的一位眼力比较敏锐的朋友问我。我感到很尴尬。看起来我是在公园里投票的，因为我投票的教堂光线实在不好，所以那天早上我在一个公园里停了一下，拍了一张光线更好的自拍。她的评论让我感到难堪，因为这让我想起，为了让自己在网上的形象显得自然而真实，我付出的所有那些荒唐可笑的努力。这些努力一旦被别人看出来，就好像演员的假发在舞台正中掉了下来，这明显是在提醒观众，他们正在观看一场表演。

戈夫曼写道，我们的关系是一个"可能没有尽头的循环"，彼此之间不停地隐藏和揭露真实的自我，这也有助于解释当你尝试将不同圈子的朋友融为一群时感受的尴尬。喜剧演员吉姆·加菲根在他 2006 年的特别节目《百无禁忌》（*Beyond the Pale*）中聊过这一点。"你有没有尝试让两组不同的朋友融合在一起的经历？那样可能会带来压力。"他说，"你总觉得你必须先跟他们交代交代。像这样：'嘿，那啥，嗯，呃。呃，这些人，呃，他们不知道我会喝酒。'"他停顿了一下，等待只有感同身受的观众才会发出的捧腹大笑。"另外别被我的英国口音吓到了。"加菲根补充道。

我们每个人都会根据所处的群体构建并扮演不同的社会角色。当这些群体被凑到一起时，你就会感到不舒服，因为你难以决定该怎么表现——更因为你要直面你原本就是在演戏这一事实。你要通过不同观众的眼睛看到你自己，而且他们对你的表演怀有不同的期望。如果尴尬可以部分地归因于"未满足的期望"，就像戈夫曼曾经写的那样，那么这种情景如此令人尴尬的原因就是：你为自己创造了不同的角色，分别用于不同的社交场合，而你并不能同时扮演所有这些角色。有些人对你的期望会落空。

这些群体过去只会在诸如生日派对或者婚礼之类的社交聚会上相遇，但是多亏了社交媒体，你生活中分属不同圈子的人现在每天都可以很轻松地互动。也难怪大家都对尴尬的感觉特别敏感。每次我们登录脸书时，都会直面这种尴尬的感觉。有一次我发布了一篇自己写的文章，我最喜欢的大学教授、以前的同事和我妈妈都在下面发表了评论——不仅如此，他们还你一言我一语地谈论起我来。就在 15 年前，这样的事情还不可能发生。

在 2009 年左右的某个时候，我工作的新闻编辑室里有很多人谈论在社交媒体上分别设立业务账号和个人账号的事情，为的就是避免这种令人不舒服的自我冲突。有些人仍然保持两个账号分开使用，但我认识的大多数人把它们结合成了一个独立的社交媒体自我，向全世界展现。这不是一个完美的解决方案。我的祖母最近注册了她的第一个脸书和照片墙账号，在我发布的几乎每一篇内容下面都要加点儿甜丝丝的评论，比如"当然爱你，亲爱的"之类的。昨天我哥哥在脸书上添加了一个新好友，我们的奶奶说："太好了。"现在的挑战是为我们自己树立一个角色，让我们能够在各种各样的观众面前表演。

我希望，在通过别人的眼睛看到自己的时候，你可以不再感到尴尬，但是那种无地自容的感觉总会以某种方式回归。当你填补了一道鸿沟，另一道就会裂开。然而，好消息是，你可以习惯它唤起的那种感觉。

就我个人而言，我仍然不喜欢在视频聊天中看到自己，但这也可能只是旧"千禧一代"的担忧而已，因为视频通话正在年轻人当中迅速流行开来。2016 年，NPD 集团报告称，在 18~34 岁年龄段的受访者中，有 52% 表示他们现在会用智能手机进行视频通话，人数比前一年增加了 10%。有趣的是，在纽约的大街上，我看到的一边走路一边进行视频通话的人都比一年前多。几天前，我在纽约中央公园参加了一场 10 千米赛跑，半路超过了一位一边跑一边视频通话的男士。这让我联想到当初拜阿米人是怎么被镜子和照相机吓到，而在短短几天之后，他们又是如何对那些东西爱不释手的。随着时间的流逝，人们会习惯的，哪怕是他们自己尴尬的面孔，或者是他们自己尴尬的声音。在本章较早的一版稿子里，我用了好多页探讨因为我讨厌自己的声音而造成的焦虑。那是本书创作之初我便记录下的几件事情之一。在写下它的时候，我还能真切地体会那种感觉，但已经有些变淡了。偶尔回放自己的采访录音，我确实会感到尴尬，尤其是当我提了一个傻问题时（傻问题这种东西绝对存在）。不过我的声音已经不再那么困扰我了。它听上去和我在说话时听到的自己的声音不一样，但这并不是一件多么糟糕的事情。我甚至学着开始有点儿喜欢上它了。它听起来仍然不像"我"，但也没有那么难听。

此外，难堪并不是问题。我很惊讶我能适应自己的声音，乃至我想知道我是否还能更进一步：当我感到尴尬的时候，也许我能改变自己的感受。

02

对情商测试机器做鬼脸

相较于人类，我似乎更喜欢布偶。我也许能够猜到自己的这个偏好，但在这一刻我不必猜测，证据就摆在我面前。事实上，证据就与我的脸有关。

我正在位于波士顿的 Affectiva 公司总部，这家科技公司赖以成名的是一款可以通过我们的脸上一闪而过的表情解读出情感的软件。"我觉得再过 10 年，我们便不会记得，没法对着设备皱一下眉就能得到一句'哦，你不喜欢那样，是吧？'的答复是怎样一番情形了。"公司的联合创始人拉娜·埃尔·卡利乌比（Rana el Kaliouby）2015 年在《纽约客》（*New Yorker*）的采访中如是说。这种情绪识别技术的创意让我着迷，因为我就像是一个尴尬时刻的收藏家，太多的尴尬都是由对别人的误读造成的。例如，在微笑和假笑之间就存在着一条纤细却关键的分界线。说不定在解读同类的思想方面，这些能够感知情绪的机器可以教会我一两招。

在我访问期间，他们告诉我 Affectiva 的大部分工作都是与百事以及家乐氏等大型品牌的营销部门合作，合作的本质内容就是这些公司希望 Affectiva 告诉他们，他们的广告创意是否适得其反，引人厌恶。受试观众负责观看广告，而 Affectiva 的传感器负责分析他们的表情。之后，这家科技公司就可以准确地告诉广告商，人们看到哪一部分的时候露出了微笑或者皱起了眉头。然后，广告商可以借助这种反馈来深化悲伤桥段或者调整搞笑包袱，具体取决于他们希望自己的广告能够调动人们的哪种情绪。

Affectiva 声称其技术可以比传统的广告测试方法更准确地预测产品销量。在传统方式中，营销人员只会询问人们对商业广告的感受。Affectiva 与玛氏集团合作进行的一项内部研究表明，这款软件能够以 75％的准确率预测产品的短期销售额。另一方面，自我报告——也就是依靠人们对自己观看广告时的感受的回忆——能够以 70％的准确率预测销售情况。5％的差异并不大，是的，但是一想到机器可能比你更了解你自己的真实感受，还是有点儿令人不安。

比如我对布偶的感受。我在 Affectiva 公司的那个夏日午后，接待我的是战略合作伙伴关系总监贾森·克鲁帕特和产品经理穆罕默德·阿卜杜勒拉赫曼。我们三个人一起观看了 Affectiva 与丰田公司合作的广告，主演是演员、前橄榄球运动员泰瑞·克鲁斯，还有几个布偶。在按下"播放"按钮前，克鲁帕特指示我直接站在屏幕前面，这样传感器就可以在我观看的时候捕捉到我的表情。

广告中，克鲁斯是一位沉默寡言的商务人士，驾驶着一辆丰田汉兰达，捎上了一只搭便车的动物和他的布偶痞子乐队成员。老实说，这则广告令人困惑。这一刻他们身在宾果游戏厅，下一刻布偶们又在摇滚音乐会上表演，然后，我想他们这是又来到了新奥尔良的狂欢节吧。我尝试露出欣赏的微笑，但其实我并没有真正跟上杂乱的情节，尽管也许是因为我被克鲁帕特和阿卜杜勒拉赫曼分了心，他俩的眼睛时不时地瞟一眼正在看广告的我。我也禁不住思考眼前的这台机器，以及计算机刚刚在我与它之间掘出的那道"无法逾越的鸿沟"。它看到了什么——它会对克鲁帕特和阿卜杜勒拉赫曼说些什么关于我的事情？

之后，克鲁帕特拉起了一面展示着图表和波浪线的屏幕。"那么这上面显示的就是你刚才产生了什么样的情绪。"我们看着一张显示我的"效价"（valence）起伏的图表，他解释道。"效价"是一个心理学术语，表示人们积极或消极的情绪反应。当镜头从舞台上的布偶乐队切换到大部分由人类构成的观众席时，图表上的线条走向出现了剧烈的下降。"你是真不喜欢那场面啊。"阿卜杜勒拉赫曼取笑道。我同意，我想我确实不喜欢。也许我宁愿看布偶也不想看人。

在我观看视频的过程中，我的情绪大体上只停留在平淡无奇的中间区域。但是除了情绪之外，Affectiva还通过捕捉观看者皱眉的程度来衡量其专注度。拉出这张图表的时候我很尴尬，上面很直观地显示出，在播放广告的过程中我的注意力有多么不集中。我感觉被自己的脸背叛了。

Affectiva的技术很了不起，但它也面临着竞争。2016年，苹果公司收购了 Emotient——另一家开发类似的情绪解读技术的人工智能公司。麻省理工学院的研究人员最近开发了一款可穿戴的"社交教练"腕带。这种腕表大小的设备可以追踪人们在交谈过程中的情绪变化，好让你知道你的谈话是开心的、悲伤的，还是毫无情绪波澜的。就在 2017 年，我撰写这部分内容的时候，迪士尼刚刚申请了一项技术专利，可以利用你的情绪变化控制主题公园的游乐设施。如果你太害怕了，设施可能会慢下来让你喘口气；如果你感到无聊，它可能会用意想不到的移动方式来刺激你一下。这让我想到，在我访问期间，克鲁帕特和阿卜杜勒拉赫曼对我描述过一款视频游戏，说是能在游戏过程中监测玩家的恐惧程度。你的表情越是害怕，你在游戏中的角色失去的健康值就越多。换句话说，游戏目标就是不要把自己吓得半死。

所有这些新技术所基于的研究背后的理念是，我们的面孔有时候真的会背叛我们，将我们的情感，甚至是我们试图隐藏的情感，抑或是那些我们并不完全清楚自己已经感受到的情感宣扬出去。如果我们人类可以在别人脸上读出这些情感，那么就会被称作有情商的人。因此，认为更高的情商可以减少尴尬情况的发生是非常合理的。如果你能够读懂别人，你就会知道该如何做出回应。

如果你做不到，好吧，这里有个小故事是关于这方面的。

凯特·达林（Kate Darling）是麻省理工学院媒体实验室的研究员，研究方向是人与机器人的交互。但这则故事并不是围绕她的工作发生的，而是三明治。几年前，达林来到波士顿南站，打算去见刚刚和她开始约会的家伙。她在一家咖啡馆里给自己点了午餐，收银员问："你叫什么名字？"

"哦，呃，"她结结巴巴地说，"我有男朋友了。"

真是一句傻话。

"我是为了给你上三明治。"收银员澄清道。

"他当然是为了上三明治。"她在电话里对我说。那天在火车站的时候，她在近两年的大部分时间里都是单身的，"我真的已经习惯了被人搭讪和对别人搭讪，"她告诉我，"所以我就是处在那种模式下。"到我们谈话的时候，"三明治事件"已经过去了4年多，然而她说每当她必须在那个车站坐火车时，都能立刻想起那件事来。

我无意贬损达林的情商，因为她在电话里既风趣又迷人。这只是一个有趣的例子，说明我们有多么容易误读他人。服务员友好的职业笑容看起来很像调情的微笑，尤其是在你已经看惯了调情的微笑的时候。

我和其他人之间存在的主要问题之一是，他们有自己的想法。第一章的内容全是你看待自己的方式和别人看待你的方式之间的差距，以及有时候这种差距是如何导致人们完全误解你的。但是我们完全有理由相信，你也会误解别人，而且可能就像他们误解你一样频繁。

用算法解析情感的承诺有一种诱人的确定感。我被这样的想法吸引了：Affectiva显然是能够读懂我的，也许我也可以学会用它的方法去读懂别人。无论如何，这就是我在"解读"他人这一问题上的"能行"精神。我想，如果科学家可以教机器人在这方面做得更好，那么也许我也可以用同样的原则来提高自己的情商。然而事实终归还是比我想象的更加模糊且复杂。最后，我得出的结论不是我需要提高自己的情商，相反，我开始认为是时候改进我们对"情商"这个概念本身的理解了。

我们感觉好像每一种情绪都作为一件独特的事物存在于我们每个人身上，是在大脑和身体中的一种可测量的生理反应模式，并且以一致的、可识别的模式反映在我们的脸上。但如果这并非事实呢？在过去 20 年里，神经科学和心理学的研究人员一直在系统性地探寻这种关于人类情感的传统认知中的漏洞。研究表明，特定的情绪并不会以一致的方式出现在我们的脸上、身体里或大脑中，正如神经科学家丽莎·费尔德曼·巴雷特喜欢说的那样，情感没有指纹。

这里的坏消息是，"读懂他人"并不像记忆一组离散的面部表情一样简单，但是科学家们正在探索没那么直观的新方法，以理解他人和我们自身的情感。对我来说，这一系列研究中最令人兴奋的部分是，它表明感觉并非与生俱来的，而是由大脑创造出来的。随着时间的推移，你可以改变大脑创造感觉的方式，这意味着你也可以改变你感知事物的方式。

对这项研究的了解改变了我对情商的思考方式，甚至改变了我对自己感觉的思考方式——也许特别是那种我格外容易经历的难堪感受，但这也使我在解读他人情绪时更加谨慎。诚然，我们大多数人天生就很擅长猜测他人的情绪状态，不过我们的猜测能力也的确总有提升的空间。

不过重要的部分是：我们可以学会对他人的情绪做出准确的猜测——然而猜测永远、永远只是猜测。

🐱🐱🐱

在 Affectiva 公司，我对着平板电脑做鬼脸。我一边玩这个应用程序（你可以在 iOS 和安卓系统上找到它），一边笑得像个疯子，试图让它给我的脸打出 100 分的快乐值，但我总也做不到让它超过 98 分。这款应用程序可以同时追踪 6 种面部表情，不过其中一种让我几乎完全摸不着头脑。"我无法让它识别出蔑视——哦！就这样。"我对克鲁帕特和阿卜杜勒拉赫曼说，他们在会议室里耐心地看我玩乐。

现在，Affectiva 的技术可以识别 20 种不同的面部动作：皱起的鼻子、紧闭的嘴唇、紧锁的眉头等。这些结合在一起，可以表达 7 种所谓的基本情绪，你会认出它们正是 2015 年迪士尼与皮克斯联合出品的电影《头脑特工队》（Inside Out）中的角色，分别代表快乐、悲伤、恐惧、厌恶和愤怒，还有没在电影里出现的惊讶和蔑视（这是一个有趣的巧合，我很难表达蔑视，因为它不总是被算在基本情绪中）。

自 20 世纪 60 年代以来，研究人员一直在钻研人们对这些情绪的识别能力。在一个常见的实验中，心理学家向人们展示一张脸部图片，那张脸上呈现出某种表情——比如悲伤，并要求他们从列表中选择正确的情绪。全世界的人都能把这张脸和正确的词搭配起来，他们总是选定噘嘴的脸表示悲伤，或者皱眉的脸表示愤怒。科学家推断，如果世界各地的人都能识别这些情绪，那么我们所有人肯定普遍能够感受到它们。

不可否认的是，尽管偶尔会出现尴尬的时刻，我们还是很擅长互相解读的。有个与此有关的理论已经有上百年的历史，叫作"社会智力假说"（the social intelligence hypothesis）。它认为我们相互理解的能力有助于解释，为什么我们的大脑比我们人类最亲近的亲戚黑猩猩的大脑大3倍。芝加哥大学的心理学家尼古拉斯·埃普利认为，人类能够主宰这颗星球"不是因为我们的拇指与其他四指相对，或是我们能够灵巧地运用工具"，而是"因为我们具备理解他人思想的能力"。

然而，我们解读彼此想法的能力并不像自己认为的那样高超。我们在第一章关注的是读取思想的元知觉（metaperception）方面——再次解释一下，这就是说你认为别人是如何看待你的。但现在，让我们暂时把注意力从自己身上移开，让聚光灯照在别人身上。

特别是，想想你的伴侣，如果你有伴侣的话。这应该是你最了解的人，对吧？像《当哈利遇到莎莉》（*When Harry Met Sally*）这种令人神魂颠倒的浪漫喜剧经常在结尾的高潮之前来一段长篇大论，通过展示哈利对莎莉的了解程度，甚至包括他了解的她的怪癖和特质，来证明哈利有多么爱莎莉。"我喜欢你在22℃的时候也会感冒；"比利·克里斯托对梅格·瑞恩说，这一幕总是让我看哭，

"我喜欢你花一个半小时点一份三明治；我喜欢你看着我的时候微微皱鼻子，就像在看一个傻子。"这是电视节目《新婚游戏》（*The Newlywed Game*）的全部基础：你和你的伴侣完全了解对方。

然而对你来说是怎样的呢？在 2014 年出版的《为什么我们经常误解人心》（*Mindwise*）一书中，埃普利讲述了一个实验，其功能有点儿像刚刚提到的那个经典的游戏节目。想象一下，你的伴侣被要求填写几份关于他 / 她自己的个性的问卷，与此同时，你也被要求写问卷，只不过要回答的内容是你认为你的另一半会如何作答。研究人员感兴趣的部分是，凭借直觉，人们能够多么准确地感知伴侣的自我价值感，许多问题要求参与者对"我对自己感觉很好"这样的陈述用 1~5 进行认同程度打分。

我愿意相信安德鲁和我在这样的游戏里会做得很好。我们在一起已经 7 年多了，在此期间，我们多次一起出国旅行，甚至有一次在一只愤怒的猫的陪伴下，一起挤在一辆小汽车里穿越全国。我自鸣得意，对这项研究的结果嗤之以鼻：人们预测伴侣的答案准确率只有 44%。真业余。

然后我继续看书。像我一样，参与研究的人都觉得自己会在这项任务中表现出色，预测自己判断的准确性会远高于实际成绩。在平均大约 82% 的时间里，他们告诉研究人员，自己的答案应该会与他们的伴侣相匹配，这大约是实际平均准确率的两倍。埃普利写道："这些夫妇打了一个二垒打，却自以为打出了本垒打。"同样值得注意的是，一对夫妇在一起的时间越长，他们对自己准确率的自信就越夸张，尽管这项指标并没有明显提高。你们在一起的时间越长，你就越自认为足够了解你的伴侣。

我一边想着这项研究，一边摆弄着 Affectiva 应用，在平板电脑的摄像头前做出夸张的噘嘴表情。屏幕上写着：96% 的悲伤。没有人比你更了解我了，Affectiva，我想着，一边紧闭双唇一边跟自己开了个玩笑。（79% 的愤怒！）安德鲁也赶不上你。

🐱🐱🐱

在我第一次了解到情感解读软件后不久，经过深夜里几次充满焦虑的谷歌搜索，我找到了一个承诺提供"破除社交尴尬的交流绝招"的链接，点击。最后一招引起了我的注意，它是关于微表情的，取自 Affectiva 及类似技术所基于的同一篇科学文献。"能够在他人脸上读取微表情（microexpression），就像用高清电视看世界——往往让人感觉像是破解了一个秘密代码！"帖子上说。这就是我研究尴尬学之初的期望：科学的甜蜜保证，以及我能记得住的清单能让我永远免于尴尬。

人们经常将"微表情"这个术语和心理学家保罗·埃克曼（Paul Ekman）的工作联系起来。他认为我们的感觉以这些微表情的形式"泄露"在我们的脸上：在短短的几分之一秒内，我们就能暴露出我们真正的感受。根据这一系列研究，7 种基本情绪（快乐、悲伤、恐惧、愤怒、厌恶、惊讶和蔑视）中的每一种都能以微表情的形式表达出来。你可能会辨别出这些：厌恶的时候皱鼻子、愤怒的时候紧蹙眉头、轻蔑的时候冷笑（尽管这种冷笑跟假笑相似得令人讨厌）。在研究中，大多数人能够比较容易地识别出这些情绪，这也是为什么它们被认为是"基本的"或者"普遍的"情感。

在这个理念被大众接受的过程中，马尔科姆·格拉德威尔（Malcolm Gladwell）于 2002 年为《纽约客》撰写的一篇文章起到了推动作用，后来他还在畅销书《眨眼之间》（*Blink*）中进一步讨论了这个问题。在《纽约客》的那篇文章中，埃克曼对格拉德威尔说："你一定有过这样的经历：有人评论了你的表情，而你却没有意识到自己的脸看上去是那个样子的。"他的交谈对象不是我，但我还是会回答：是的，我确实有这种经历。不久前我的老板叫我去他的办公室开会，进门时，我做出了一副自认为是倾听的表情——结果他的开场白让我吃了一惊："不是坏消息，你不必那么紧张。"唔。

但是，在关于表情和情感的研究中，存在着一个被忽视的重大缺陷：它以局外人的视角看待他人的内心状态，而忽视了两者之间"无法逾越的鸿沟"。换句话说，这项研究的重点是"情绪的感知，而不是情绪的产生"，毕生致力于研究情绪在大脑中如何运作的神经科学家丽莎·费尔德曼·巴雷特这样对我说。举例来说，我们可能会把扬起的眉毛视为恐惧或者紧张的信号，就像我的老板一样，但这是否就意味着这个人（呃，在这个例子中"这个人"就是我）一定感到了恐惧？

多年以来，科学家们一直试图填补这种观察者和感受者之间存在的"鸿沟"，显而易见的方法就是使用面部肌电图（EMG）。他们要求实验对象把电极戴在面部，然后观看电影，或者旨在引发某种情绪的照片。如果人们在感受到某种情绪——比如恐惧——时确实总是做出同样的表情，那么肌电图应该会以客观方式捕捉到这一点，但这些研究并没有在面部肌肉的运动中发现一致的模式。

或者，还可以进行一种更可爱的尝试——婴儿研究，以此确定这7种表情是不是与生俱来的。如果这些表情真是天生的，那么婴儿也许会比成人更频繁地表达出这些情绪。正如巴雷特指出的，婴儿还不懂如何在社交场合中恰当地掩饰自己的感情。有一项着眼于这个问题的研究，通过交替进行压住婴儿的手臂以激怒他们以及用玩具大猩猩吓唬他们这两项行为来监测婴儿的反应。之后，程序员分析了受试婴儿的面部肌肉运动，发现他们生气时和害怕时的表情没有区别。

对身体和大脑中统一的情绪信号的研究也得到了类似的不确定结果。尴尬可能会让我们脸红、手心出汗，但是愤怒也能轻而易举地达到同样的效果。巴雷特引用了4项元分析（meta-analysis，也就是针对研究的研究）。这些分析回顾了数百项总共涉及数万人的实验，但没有一次实验发现某种一致的模式能够与离散情绪的生理反应相匹配。至于大脑，巴雷特自己研究发现，大脑中没有任何一个区域，或者任何一个脑部区域网络"包含着任何情感的指纹"。例如，恐惧有时会激活大脑中的杏仁核，有时却不会。情绪可能并不像我们长期以来假设的那样可以预测。

所以说，你不能仅仅根据某人的脸或身体碰巧在做的事情来判断他的情绪。如果你有大脑扫描仪可用，那很酷，但在情绪解读方面，它也并不能给你帮上太大的忙。那么我们怎么才能搞定这件事呢？

通过获取更加广泛的情境信息，我们能够更准确地猜测他人的感受。我的意思是，这显而易见，但是值得一提，因为你那么做的时候甚至自己都注意不到。巴雷特说："你不仅看到了某人的脸，你还听到了他的声音，看到了他身体的姿势，还理解了他的话语。"举个例子，一张拿着尿布的人皱起鼻子的照片可能会表达出厌恶的情绪，但如果你做出同样的皱鼻子表情，在高中食堂里摆出一副蕾吉娜·乔治的傲慢样子，那就更像是蔑视。巴雷特解释说，已经有人做过相关的研究，并且发现根据所获背景信息的不同，你的眼睛扫视两张脸的方式也是不尽相同的。

"哪怕是同一张脸！"我们谈话时，巴雷特大声喊道。在没有看到她的面部表情和身体姿势等完整背景信息的情况下，我得谨慎些才能仅凭她的声音做出判断，但我敢打赌，她此时表达的是愤怒。"如果你把同一张脸放在两个不同的身体上，感知者观察这张脸的方式——他们的大脑指挥眼睛移动，在这张脸上采样的方式——就完全不同了。"我们的大脑用我们的眼睛、耳朵和记忆来捕捉整个场景，并结合与之前相似的经历，来判断另一个人可能的感受。这是一个讲究、复杂的过程，而且很多时候，它确实有助于我们对他人的情绪状态做出恰当的猜测。

就像巴雷特常说的那样，仅凭脸说明不了问题。这话一点儿不假，人们确实会在快乐时微笑，在愤怒时皱眉，在悲伤时噘起嘴，然而关键是，当我们情绪起伏的时候可以面无表情，而心情平静的时候也可以表情丰富。我相信你自己也有这种经验。有时我们因恐惧而尖叫，有时我们因骄傲而尖叫；我们会在开心的时候哭，也会在悲伤的时候笑。如果你是一个女人，那么你可能有过这样的经历：你面无表情地走在街上，却被一个好奇的陌生男性告知要微笑："怎么了，宝贝？事情肯定没那么糟！"或者，你被莫名指责为"摆臭脸"，但其实只是在发呆。面孔往往是不可靠的叙述者。

然而，在这里，我坐在波士顿市中心的一间会议室里，兴高采烈地对着一个应用程序做鬼脸，因为它号称可以检测到我的情绪。"幸福的眼泪呢？"我问克鲁帕特和阿卜杜勒拉赫曼，"或者我妈妈的一个特点——如果她真的生我们的气了，有时候反倒会笑。那么……当你的脸做出这种反常的表情时会怎么样？"

克鲁帕特同意，纳入更广泛的背景信息是提高检测准确度的关键。"玩游戏的人可能会因为他们实在太沮丧而苦笑起来——这可能就是为什么你妈妈会笑，因为她很沮丧，对吗？并不是因为她很开心。"他说。

目前，当 Affectiva 把客户的表情数据回传到客户端时，它会将其与尽可能多的背景信息配对；在克鲁帕特举的视频游戏例子中，这家公司会注意到表情出现时游戏的进度——也许是特别紧张的时刻。或者拿布偶广告来说，我们可以看到，当镜头从打鼓的动物移向人类观众的时候，我停止了微笑，但正如我之前所说，这也是一则非常怪异的广告，令我难以理解。也许，与其说我不开心，不如说那时候我更摸不着头脑了。

阿卜杜勒拉赫曼插嘴补充说，他们公司已经开始研究实时跟踪人脸行为的技术——例如在对话场景中。这项技术比把电极贴满人脸要复杂得多。对于研究感觉如何在我们的脸上体现出来，说不定它真的会揭示出一些新东西。

听到这里，我在会议桌前变得有点颓然，感觉受到了机器的打击。将这7种微表情记在脑子里我也做得到，然而这虽然能帮我在网上的"情商"测验中拿到好成绩，但在日常生活中却对我没有多大用处，因为现实中人们的面孔往往会做出不可预测的表情。此后不久，我离开了 Affectiva 公司，前往附近的一家酒吧。我克制住了自己的冲动，没有下意识地分析酒保脸上的表情，试图判断他如何看待我的凌乱妆容（为了赶上从纽约到波士顿的车，我凌晨4点就起床了）。我想，尽管让机器人继续分析人类的面部表情吧，祝它们好运。

反正还有更多有趣的方法能提高我们的情商。

🐱🐱🐱

我们把情绪理解为一种发生在我们身上的事情，但是神经科学的新研究提出了一个新的见解：情绪是你的大脑创造出来的东西。

例如，在巴雷特看来，人体有4种普遍的感觉方式。你可以感到愉快或者悲伤，也可以感到兴奋或者低落，这些都是生理上的感觉，我们用"情绪"这个概念来理解它们。如果在聚会上，我叫错了别人的名字之后感到脸颊发烫，那是我感到了尴尬；如果在聚会后，我骑自行车回家时被一辆汽车挡了道并因此而脸红，我会把这种感觉称为愤怒。情绪是你的大脑理解身体感觉的方式。

情绪的概念不是天生的，而是我们后天学到的。"在最初阶段，父母教给了我们这些概念。"巴雷特在 2017 年接受在线科学杂志《边缘》（*The Verge*）采访时说，"你不必教孩子有感情。婴儿会感到痛苦，也会感到快乐，他们确实会，他们肯定会感到兴奋或者保持平静。但是情绪的概念——比如坏事发生时的悲伤——是需要教给孩子们的，并且也不总是清楚明白的。即使进入幼儿阶段，这个过程也不会停止。你的大脑有能力结合过去的经验，以新颖的方式创造新的表现，体验一些你以前从未见过、听过或者感受过的新东西。"

如果你没有关于某种情绪的概念，你就不会像有这种概念的人一样能够强烈地感受到这种情绪。例如，在 2016 年冬天，丹麦语单词"hygge"随处可见。在那之前，美国人可能已经享受过在室外冰冻三尺之时，与美食和好友待在室内的平静舒适的感觉。但是根据情绪建构理论，在你知道这个词之前，"你的大脑必须非常努力地建构那些概念、制造那些情绪，"巴雷特在她的《边缘》杂志采访中说，"你得花很长时间来描述它。但是如果你知道这个词，如果你经常听到这个词，那么这个过程就会变得更加自动化，就像开车一样。这种感觉会更容易被触发，你也可以更轻松地感受到它。"

这样理解的话，我们就有了无穷无尽的方式去感受新的东西。当你被摧残、被压垮，或是感到沮丧、悲伤、忧郁或是不舒服时，为什么你会如此伤心？当你愤慨、焦躁、暴怒、烦闷、不满或是怒火中烧时，为什么你会生气？每个词的意思都稍有不同，如果你了解足够多的情绪概念，你就可以选择恰好正确的一个，这会帮助你更好地了解如何对自己的感觉做出反应。如果我在工作，并且感受到了自己的愤慨，那么我可以采取措施，摆脱我认为不公平的待遇。如果我感到了厌烦，那也许是时候悄悄地更新领英（LinkedIn）上过时的个人简历了。

这就是所谓的情绪粒度（emotional granularity），有一些新的证据表明，更加准确地识别自己的情感会提高你准确解读他人情感的能力。在 2016 年的一项小型研究中，有 50 对比利时夫妇每天都会通过智能手机收到 10 条消息，要求他们评估自己收到短信时的感受，以及他们认为自己的伴侣当时的感受，如此持续了一个星期。研究结果显示出情绪粒度和移情准确度之间的联系：你在自己身上识别到的情绪越多，你就越善于在别人身上识别出它们。巴雷特写道："如果你的大脑拥有更多的选项，那么就算它总是在猜测，它猜中的可能性也会更大。"这个新方法是多么令人兴奋啊，或者说它令人振奋？令人陶醉？也许是令人狂喜吧。

不过我们接着说你吧。让我们接受这个事实：用不同的方式表达一种感觉，会让你对它有不同的感受。如果你知道 "hygge" 这个词的意思，你会感觉更舒适。如果你听说过芬兰语单词 "kaukokaipuu"，你会对一个从未去过的地方产生像思乡之情一样的强烈渴望。一个单独的词是有帮助的，而一句非常具体的描述也能达到同样的效果。在袋子底部发现最后一根薯条的快乐、自家暂住的房客离开时悲伤和宽慰的交织、眼看工作的截止日期逼近但就是不干活的叛逆愉悦。你越能准确地描述一种感觉，你对它的感受就越强烈。

　　你也可以改变一种你已经了解的情绪概念。我读过的最有用的研究之一，是哈佛商学院的教授艾莉森·伍德·布鲁克斯（Alison Wood Brooks）在 2013 年发表的一篇论文。她在文中展示了她所说的"重新评估焦虑"（anxiety reappraisal）的好处，那是一种方便的情感"炼金术"，只需简单地对自己轻语"我很兴奋"这几个字，你就能将自己的紧张情绪转化成某种有用的感受。当你准备做一件尴尬风险很高的事情时——比如第一次约会，或者为了工作，鼓起勇气主持一场喜剧开放麦之夜活动——你的掌心（可能还有腋窝）渗出汗水，你的心脏怦怦直跳，我们把这种感觉理解为紧张。

　　但是你的大脑向你的身体发出指令，让它出现这些反应，只是因为它知道你正准备做一些需要消耗大量精力的事情。在你兴奋的时候，你的身体也会产生同样的反应。在布鲁克斯的研究中，比起那些试图强迫自己冷静下来的人，那些接受了自己的紧张情绪，但将其重新定义为兴奋的人，在一系列可怕的任务（如卡拉 OK、公共演讲、数学等）中表现得更好。在我的记者生涯中，我已经阅读了数百篇心理学论文，但只有少部分能被我牢牢记在心间。布鲁克斯的论文是其中一篇。

　　本着这本书的精神，我现在要分享一个令人尴尬的秘密：自从阅读了那份研究报告，每次我不得不做一些略显可怕的事情之前，比如做报告或者参加重要的会议之类的，我就会去一个安静的地方，戴上耳机，听指针姐妹合唱团的那首《我好兴奋》。你嘲笑我也没关系，但不妨试一试这个办法。我甚至不介意你也养成这个习惯，然后继续嘲笑我。重要的是你也尝试一下。我因你而兴奋！

建构情绪的理论令人兴奋，不过对于这套理论该如何应用于患有焦虑症或抑郁症等情绪障碍的人士，我仍然持谨慎态度。然而，除了精神疾病以外，这是一种思考你的个人感受的新方式。你不仅需要做出反应，你还可以引导它。"你意识到，如果你的大脑正在利用你的过去构建你的现在，那么你现在也可以为此投入能量，培养新的体验，让它们成为你未来的种子。"巴雷特说，"你可以不时地培养或者策划体验，如果你反复实践，这个过程就会变得足够自动化，乃至以后你的大脑会自动构建它们。"

你不可能仅凭记住7种不同的面部表情就准确地判断出面前那个人的感受，也不可能因此不再误解别人对你的要求，但你可以改变你感受尴尬的方式。尴尬的时刻会向你揭示出你对自己的认识和别人看待你的方式之间的差距。可正如悲伤和恼怒有着不同的程度一样，我们尴尬的方式也有不同的层次。在这些概念中，有一些已经存在于其他语言中：印度尼西亚的杜松人（Dusun Baguk）口中的"malu"，被定义为"在地位较高的人旁边突然感到拘束、自卑和尴尬的经历"。每当我发现电梯里面只有我和老板两个人时，我都会想到这个词。还有德语单词"Fremdscham"，意思是"为别人的行为感到羞耻"，我们将在第六章中更详细地探讨它。每当我阅读我的推特关注消息超过5分钟，我都会想到这个单词。

当我开始这个古怪的项目，为一种让我疯狂的情绪钻研到底时，我只能以一种方式理解尴尬的感觉。它意味着羞耻，意味着逃跑和躲藏、逃避和掩护。罗查特的"无法逾越的鸿沟"概念，为这种特殊的自我认知形式增添了一些细微的差别。例如，有时，它给人的感觉就像是偶然瞥见一面有损自身形象的镜子，尽管这面镜子偶尔也会出些差错。有时候，人们就像 Old Navy 商店试衣间里的镜子一样，反馈给你的形象不好看又不讨人喜欢，而且说不定还是故意为之。

但是，如果他们眼中的你虽不讨喜，却是真实的，那么这就是我开始慢慢欣赏的一种尴尬，你可以称之为"被人告知自己牙齿里塞了西蓝花时尴尬的解脱感"。你当时会觉得自己很蠢，但你难道不觉得知道总比不知道强吗？

我现在这么觉得，但以前并不是，哪怕是西蓝花的事。老实说，当我看到朋友齿间或脸上有食物时，我总是忽略它，以为这样是在保护他们的感情，而且如果有人告诉我同样的事情，我会有些反感。回想起来，我意识到这种做法是荒谬的，对尴尬做出厌恶的反应也是差不多的荒谬，因为归根结底，这徒劳无益。通过别人的眼睛看待自己，会让你在那一刻觉得自己愚蠢而不通世故。但是，如果你想让自己真正成为你心中理想化的样子，就必须那么做。

03

你的成长边缘

　　身为喜剧演员，那曾是他最自豪的时刻之一。2005 年左右，
W. 卡莫·贝尔是喜剧中心频道系列脱口秀《高级混合》（*Premium
Blend*）的嘉宾，他的演出很棒。那是他表演生涯中的重大突破，
起码算是突破，是一系列成就之一，正是这些成就，最终引领他走
向了如今的成功：主持有线电视新闻网（CNN）那档荣获艾美奖的
纪录片电视节目《美国 B 面》（*United Shades of America*）。但是现在，
他一想起这件事就免不了感到尴尬。

　　倒不是因为笑话不搞笑。10 多年后的今天，当时的场景依然
非常著名，因为里面恰好有第一个出自著名谐星的关于奥巴马的笑
话。诚然，很难判断那是不是个优秀的笑话，部分原因在于如今
它的笑点已经很没新意了——"伙计，这哥们儿的名字是不是很奇
怪？"贝尔评论当时还是伊利诺伊州参议员的奥巴马说，"有人说，

他有一天会当上总统！我要问的是——什么的总统？因为也许终有一天会有黑人当上总统，但怎么也不会有个名叫贝拉克·奥巴马的黑人总统。女士们，先生们，这名字太黑了。那哥们儿干脆叫'布莱基·布莱克尔森'（Blackie Blackerson）好了，你懂我的意思吗？"

不管怎么说，这是第一个关于奥巴马的笑话！这事儿还挺酷的。几年之后，贝尔仍然为那段视频感到骄傲，还把它寄给了好朋友玛莎·瑞因伯格。两人是在瑞因伯格刚开始参加贝尔讲授的个人表演讲习班时认识的。瑞因伯格很快成了贝尔最喜欢的学生之一，然后成了他最喜欢的人之一。他们是那种更像是家人的朋友：她是他孩子的教母，他是她孩子的教父。那时候，他们合作了贝尔的舞台剧《W. 卡莫·贝尔曲线：大约一小时内结束种族歧视》（*W. Kamau Bell Curve: Ending Racism in About an Hour*）。"他每个星期二过来。你知道有本书叫《相约星期二》（*Tuesdays with Morrie*）吧？"她问我，"我们都开始把这些日子说成'与玛莎在一起的星期二'了。"但玛莎那时还没有看过贝尔的单口喜剧，于是贝尔用电子邮件发送给她，希望能让自己的好朋友印象深刻。

然而瑞因伯格一直没有回复。后来两人像每周一样，共同准备《贝尔曲线》节目时，贝尔在瑞因伯格的厨房里又提起了这件事。当时他有点儿想寻求对方的夸赞，这是他在自己的回忆录《W. 卡莫·贝尔的尴尬想法》（*The Awkward Thoughts of W. Kamau Bell*）中承认的。"那个关于奥巴马的笑话还是挺好笑的，对吧？"他记得自己这么问她。

"是的。"她说，"不过那个关于赖斯的笑话……"

那个关于赖斯的笑话。现在贝尔一想起来就胃疼。贝尔那则奥巴马笑话的背景是：21世纪初，黑人在美国政坛表现平平，而时任参议员的奥巴马说不定有朝一日能够更进一步，改变当下的局面。不过这个笑话的开头完全在讲国务卿康多莉扎·赖斯（Condoleezza Rice）。贝尔在节目中说："曾几何时，黑人政治家成了我们的领导者，现在谁是最杰出的黑人政治家？康多莉扎·赖斯？呵呵。"他顿了一下，然后抖出了包袱："还真没见过这样集如此多的丑陋和邪恶于一身的人。"

观众爆发出笑声，是那种没有思想准备的哄堂大笑。"我想说的就是这个。"他补充道，笑声仍在继续。他再次停下来，对着前仰后合的观众咧嘴一笑。这个包袱抖得很成功，他自己也知道。

一直以来，他都把自己在《高级混合》中的表演看作一件值得骄傲的事情。他第一次在大型电视节目中的亮相，还有据说是世界上第一个关于奥巴马的笑话？要不要这么厉害啊？但他的朋友对此却有不同的看法。

在这里有必要介绍一下瑞因伯格：她是白人，和她的伴侣一起收养了一个名叫奥利弗的黑人女孩。"赖斯看着像我的女儿，"贝尔记得她这么对他说，"但我家奥利弗丑吗？"

这可不是他想听到的。"你在说什么啊？"他记得自己这样对她说，"她看着可不像你的女儿。"但瑞因伯格说："我女儿是一个深色皮肤的非裔美国小姑娘，长着一副可以说很典型的黑人模样。"贝尔记得她说："所以你说赖斯丑，就是说我女儿丑。"

她接着说："你不喜欢布什的政策，但是我敢说你不会说他丑。"她告诉他："这就是问题所在：她并不难看。你说她丑陋，只是在迎合欧裔白人对美的理解。你不能这么做。我女儿长得更像赖斯，而不是那边那本《滚石》杂志封面上的白人女士。"

她仍不依不饶："身为与白人女性合作的黑人男士，你怎么能说一位黑人女士丑呢？"他记得他的朋友说："我是说，那对你有什么好处？你为什么想要让自己混同于那些刻意选择白人女性而非黑人女性的黑人男性？"

贝尔谈论这些事情的方式，让人感觉瑞因伯格的话永远刻在了他的记忆中。也许确实如此。在"我尴尬的性别歧视"一章中，他描述了好几个瑞因伯格针对他表演中的性别歧视与他针锋相对的难受时刻。"这很痛苦，"就在贝尔的书即将出版之际，我打电话联系他时，他评论说，"很令人尴尬。我并不认为自己是性别歧视者或是厌女者。我以为这些定义都跟我无关。"

他早就放弃了拿赖斯开玩笑的那套词，在他书中那一章的末尾，他向前国务卿进行了篇幅很长的道歉。然而对贝尔来说，即使是在 10 多年后的今天，仅仅是回想起这件事，也仍然是一种令人难以忍受的体验。2016 年秋天，在他的电台直播节目《卡莫时间！》（*Kamau Right Now!*）的问答环节中，一位观众要求贝尔再讲一次关于赖斯的笑话。"哦，不，我不会讲的。"他说，"不，谢谢你……过去这几年我干得挺好，我不想重提那个可怕的笑话来毁掉这段生涯。谢谢你提起这件事。"他很快结束了谈话。"谢谢你，"他说，"大家为他鼓鼓掌吧，他用我多年前写的一个非常非常可怕的笑话让我难堪了！"

《卡莫时间！》有一组轮换嘉宾，其中一位向贝尔提问，希望他解释这是怎么一回事，这也在情理之中。你可以听到贝尔的声音略带尴尬："我讲过一个关于赖斯的烂段子，真的很烂，我不愿意回想，因为它让我非常难过！而且，我现在有女儿了！"

与瑞因伯格的谈话永远改变了贝尔对那个笑话的看法，而且至少在那些让他不舒服的时刻，也改变了他对自己的看法。他回忆起当时，在瑞因伯格的厨房里："谈话气氛变得超级尴尬。我真想当场逃走。"

"但我也希望保住与玛莎的友谊，"他接着说，"所以那一刻，我没有逃避，而是尴尬地坐在那里凝神静听，最终心知肚明，她说得很对……她说的百分之百正确。那次谈话是改变了我职业生涯的重要一课。"

他没有夸大其词。贝尔现在将尴尬描述为他的工作的核心功能。"我用生命中的很多时间——职业生涯中的很多时间——谈论尴尬对话的力量。"他对我说，"如果认真思考一下我正在做的工作，我会觉得这就是它的本质——鼓励人们进行不同的对话。"这是第一章中关于"尴尬"的讨论被要求发挥更大作用的实例：在美国有线新闻网的节目中，他与三K党①成员和著名的白人至上主义者理查德·斯潘塞进行了对话，这两个人是两个最极端的例子。

当我听到贝尔谈论他的工作，特别是多年前和朋友之间那次不愉快的谈话如何改变了他的生活时，最近偶然见到的一个短语跃进

---

① 美国种族主义的代表性组织。

我的脑海，"你的成长边缘"。当你说出一些令人反感的东西却不自知，而有人点醒你时，它会迫使你窥见"无法逾越的鸿沟"，这一点儿不假，但那并不是我想用这个短语表达的意思。如果这个过程是以同理心和同情心完成的——就像瑞因伯格当时的做法，以及贝尔如今在工作中所做的那样——这就会是一个开始填补"鸿沟"的机会。你可以从他人的角度看待自己，仔细审视需要改进的地方。"那次谈话结束时，我被改变了。"贝尔告诉我，"而且我也决心一定要从中吸取教训，做得更好。但是，你不可能毫不尴尬地做到这些。"

正如我们在前面的章节中看到的，对尴尬时刻的一种理解是，"你"直面着"不是你"的那个人。还有另一种理解方式：他们可能也在向你展示你可以成为什么样的人。不过，首先，你必须找到自己的成长边缘。

🐱🐱🐱

后知后觉地看来，研讨室里座椅位置的安排明白无误地预示了将要发生的事情。那是星期五晚上 6 点 35 分，我在参加一场名为"毁灭种族主义"的研讨会时迟到了 5 分钟。这场研讨会是由"人民生存与发展研究所"（PISAB）主办的。根据之前的与会者向我描述的，除了其他事情，这场研讨会就是一帮喋喋不休、结结巴巴的白人笨拙地尝试坦诚谈论美国的种族问题的周末。

我期待着想象中的一系列精彩的讲座。工作了一周，我感到筋疲力尽，所以，说实话，我期待着一点儿独处的时间：我想在接下来的几天里多多思考、认真做笔记，这一切要由我自己在最后一排安静地完成，最好是在靠近门的地方。那里是容易尴尬的内向者的天堂。我进入 B 研讨室，发现课程还没有开始，但是，哦，不会吧，我希望找到一排排的椅子和桌子，好让我躲在后排，藏在笔记本电脑后面，然而，我看到椅子已经组成了你能排出的最糟糕的形状：一个巨大的圆圈。

在会议室里，约有 40 人坐在那一圈椅子上。研讨会并非只让白人参加，但本周末我们大多数人（我估计有 70%~75%）都是白人。有些人正在聊天，有些人默默地盯着空气发呆，但还有许多人正以一种危机四伏的架势坐在靠近椅子边缘的地方，交叉着双臂，跷着二郎腿。我接受了椅子被排成一圈的现实，坐了下来。会议很快就开始了。

"我们来这里谈论种族主义。"研讨会的一位领导人，一位和蔼可亲的年轻白人——我估摸他 30 岁出头——贾斯丁对房间里的人说。贾斯丁说话时有一个淳朴的习惯，就是会吞掉"g"这个辅音。他善意的恳切态度让人联想到教会青年组织的领导者，好像他随时可能拿出一把木吉他，带领我们合唱敬拜歌曲。他警告我们，接下来的两天半会经常让人不舒服。为了强调这一点，他问房间里的人："在你们当中有多少人与朋友和家人谈论过种族主义？麻烦举下手。"大约一半的参与者举了手。"效果如何？"我们回以紧张的笑声。

第二位领导者——一个滑稽而机敏的女人，名叫安妮，拉丁裔，举手投足间会让人联想到"不会欣然容忍傻瓜"这个短语——加入进来，弓着身子模仿房间里显然已经很不自在的人们。她指着自己弯腰驼背的身体说，这并不是什么新鲜事。她和其他培训师见得多了。"他们太忐忑了，好像就要从椅子上掉下来一样。"她说着，假装自己从椅子上摔了下来。我们又笑了，笑声消除了房间里的一些紧张感。

如果一场晚间研讨会一开始就把椅子围成了一圈，那么晚上结束时必然有人说："大家按照座次换个儿谈一谈体会吧。"我们 40 来个人，一个接一个地回答了三个问题，结束了当晚的活动：我们是谁，我们做什么，我们为什么要在这个周末来到这里。我了解到，大约一半的与会者来自该市一个社会工作研究生项目，这帮人从一开始便侃侃而谈——他们相互之间都已经很了解了，这似乎不太公平。我们其他人都是独自来的，工作领域也各不相同：广告、教育、学术等。

我们来到此地都有自己的原因，但在我们每个人发言的过程中，一个主题凸显了出来：人们一次又一次地承认，他们想要开始就种族，以及在自己身上和这个国家中存在的种族主义进行艰难的对话，但他们太紧张了，不知道从何说起。我草草地记下了他们的一些发言：

"这有点儿敏感。"

"这个事儿应付起来很怪异。"

"我不知道应该把那些不舒服的体验叫成什么，它会让你觉得自己快被压垮了。"

"我觉得舌头好像打了结，或是僵住了。"

"我认为我必须觉得不舒服，这是我最起码能做到的事情。"

"我非常焦虑……这让我想对这件事避而不谈。"

"我来这儿，正在试着让自己越来越不舒服。"

轮到我的时候，我嘟嘟哝哝地自我介绍了一下，我是一名作家，正在创作一本书，书里的部分内容就是如何进行尴尬、令人不自在的对话。我向来不擅长简短的演说。等我们都说完之后，有大约一半人声称，他们在这个周末来到这里，是因为谈论种族让他们感到非常不舒服，他们想知道如何克服这个难题。碰巧，PISAB 有一个专门的术语，用来表示善意的人在试图谈论种族主义时手足无措的尴尬，他们称之为"你的成长边缘"。他们说，这是值得关注的，因为它标志着一个机会。"那是坐下来好好思考的时刻。"贾斯丁说，"'为什么我会有这样的感觉？'自己反思一下。当你感到不舒服时，成长的可能性最大。"

我喜欢这个短语，"你的成长边缘"。我喜欢它的真挚，我喜欢它的朴实无华，我喜欢它柔和的粗野气，我也很喜欢它纯粹的实用性。PISAB 认识到，尴尬的感觉可能永远不会完全消失，所以你或许可以改变将其概念化的方式。在我看来，这与我们在第二章中描述的重构情绪的想法有所关联：改变你将某种感觉概念化的方式，也就可以改变你感受这种感觉的方式。

PISAB 已经有 30 多年的历史，是 1980 年由来自新奥尔良和艾奥瓦州耶洛斯普林斯市的一对社团组织者创立的。自成立开始，已经有 50 万人参加过这个组织的研讨会。换句话说，这不是什么新鲜事，但正如我一直在为这本书做研究一样，我一直对像它这样的组织总共有多少，以及从根本上来讲，其中有多少宣称自己的使命是促使人们针对那些令人不舒服但又重要的主题（比如政治、信仰和种族）展开尴尬对话抱有兴趣。所有这些话题，艾米莉·波斯特（Emily Post）[1] 的鬼魂宁愿我们避之不及。

"起居室对话"（Living Room Conversations）和"乡村广场"（Village Square）这两个组织，都有助于人们在朋友或者熟人之间进行关于金钱、心理健康和环境等敏感话题的交流。还有"来自另一方的问候"（Hi from the Other Side）和"美国对话项目"（the American Dialogue Project），它们让政治信仰不同的美国人在训练有素的协调人的陪同下进行短暂的电话聊天。我最近参与过一次这样的活动，对方是内布拉斯加州的一位农民。我们之间的谈话算不上改变生活，但也很有助益。他阐述了很多，说对自己的芬兰传统有多么自豪。

这些团体的代表使用"尴尬"一词的频率之高也让我稍感诧异，正如我已经多次指出的那样，这个词乍看上去令人悲哀地词不达意。不过这也许是有意的：对难以名状之物，我们就会用这样一个名字指称。例如，2017 年初，记者安娜·玛丽·考克斯推出了一台新

---

① 美国礼仪之母，代表作《你的礼仪价值百万》被认为是西方最权威、最经典的礼仪圣经。

的播客节目《像这样和朋友们在一起》（*With Friends Like These*），她经常将其描述为致力于进行尴尬对话的节目。在 2016 年大选之后那紧张兮兮的一周里，标签"# 尴尬一下"在推特上流传，人们以此互相敦促，指认那些发表性别歧视或者种族主义言论的人。就在我写下这些文字的时候，这个在线激励运动正计划于 2018 年初走向线下，在加拿大埃德蒙顿市举办一场名为"MIA 峰会"的会议（MIA 即 Make It Awkward，意为"让你尴尬"），并期望帮助与会者学习如何"打破现状，创造持久的社会变革"。

看来有很多人指望靠尴尬谈话的力量来改变思想。他们的指望靠谱吗？

🐱 🐱 🐱

桑迪·贝尔纳贝伊（Sandy Bernabei）告诉我，每场 PISAB 研讨会都有两条主要规则。贝尔纳贝伊是纽约市的社会工作者，也是反种族主义联盟（Antiracist Alliance）的创始人，这个组织与 PISAB 合作，共同举办这些活动。我在参加研讨会之前与她交谈，好事先对接下来的会议有些了解。第一条规则，你也许可以称之为"坐稳当规则"：每个人都必须同意待满整场，不能提前离开。她说，有时候，对种族问题的深入讨论——特别是在一群文化背景各不相同的陌生人之间——会让与会者感到非常不舒服，以致他们会趁着茶歇的工夫溜之大吉，一去不返。研讨会上的一个座位会花费你 350 美元的"巨额"资金，但如果它能给你换来一张逃离尴尬的单程票，你也许会觉得物超所值。

第二条规则要求的不仅仅是出席。它说的是，当你到达你的成长边缘时，继续前进。"谈论自己知道的事情，我们还是很自在的，对吧？"贝尔纳贝伊说，"但是，一旦触及自己不知道的东西，你就无所适从了。你不想让自己的弱点暴露在外。"这又是"无法逾越的鸿沟"。也许，根据你的自我认知，你是一个见多识广、开明、清醒的人。贝尔纳贝伊是白人，我也是，所以她跟我特别探讨了 PISAB 研讨会上许多白人出席者的观点。部分目的是帮助我们更准确地了解自己，以及了解我们还需要在这里学到多少东西。

我跑步的时候经常会路过一座形状奇特的公寓楼。在视线的水平高度，有一块混凝土从那座楼上凸出来，挡在人行道上。路过那个街区时，这块混凝土从未碰到过我的头，但有时我认为，这只是时间问题。在周末研讨会上的某个时刻，我意识到，当我听到"成长边缘"这个短语时，我会想起那座建筑物的边缘，而且在那个周末，我有好几次把自己的脸狠狠地撞向了那块隐喻性的混凝土。

第二天，我们分组讨论媒体对美国阶级的描述。我的小组最终在自己没有意识到的情况下，主要讨论了种族问题。因此，当我被要求在全体人员面前起立，概述组内的讨论时，我做了我们小组刚刚做过的事情——这时，大家都盯着我，我发现自己犯了错误。"我……刚刚意识到我弄混了这些议题。"我意识到之后便这样说。我道歉并补充说："我，嗯，讨厌在人们面前说话。"他们发出些许善意的笑声，但我的错误并没有被忽视。后来一位名叫黛安娜的小组长在回顾大家的讨论时说："我们太习惯混淆种族和阶级了，你们当中有些人便犯了这个错误。"我在座位上蜷了一下身子，可以感觉到自己脸颊发烫，"而其他人呢，在这方面做得不错。"

黛安娜那样说了之后，我想，桑迪说得对。这的确是一种暴露的感觉，就像聚光灯打在了我较为丑陋的心理冲动上，甚至包括那些在本周末之前我一直争辩说我没有的冲动。我并不是想辩称，尴尬的感觉是阻止像我这样善意的白人认识到自身的种族主义思想或行为模式的唯一因素，但我认为这至少是问题的一部分。忘记"鸿沟"吧——除了在我对自己和自己言行的看法，以及有色人种对我和我的言行的看法之间不可调和的精神分歧，还有更多的因素。当两个"你"在视频聊天中发生冲突，暴露出你今天的发型比你想象的还要怪异，你会感觉到失望。当那些"你"在讨论种族主义之类的问题时发生冲突，你会觉得难受。

"但你难道不希望有人能帮你意识到吗？"在西田州立大学研究种族和种族主义的罗宾·迪安格罗这样问我。在2011年的一篇论文中，迪安格罗创造了"白人脆弱性"（white fragility）这一术语，将其描述为"即使是最低限度的种族压力也变得无法忍受，继而引发一系列防御性行动的状态"。借助我在第二章末尾引用过的"牙缝里有西蓝花"的比喻，她描述了使你学会因有人向你指出了你的问题而心存感谢的方法。"我们大多数人都有这样的经历，哪怕我们仅仅拥有极其微小的开放心态，能够意识到自己曾经的言论或者行为——曾经说过的笑话，或者曾经做出的假设有点儿令人尴尬，那么既然我们已经明白了，"她说，"我们就会非常庆幸，因为自己已经知道要抛弃那些言论或者行为了。然而当有人试图帮助我们看清问题时，我们却会变得非常抗拒。"但是，你难道不想知道什么时候有一点点种族主义塞在了你的牙缝里吗？

直面你隐藏的偏见，以及迷思和误解，是一项艰难、累人、尴尬的工作，而且我应该指出，我并没有声称自己是这方面的专家。像我和贝尔纳贝伊这样的白人往往根本不知道自己在谈论什么。"这是一个白人永远不会精通的领域，"她告诉我，"有色人种才是专家，他们有生活经验。""这种不确定性使我们感到不舒服，"她说，并且作为回应，"我们倾向于转移话题，回到我们拥有一些专业知识的领域。"

在第一个晚上，安妮和贾斯丁为大家暖场，让大家做好直面那种不适的准备。"我们希望在（本周末的）某个时候你能感到不自在。"安妮说。然后贾斯丁补充道："在房间里待上两天，谈论种族主义，最后每个人都很舒服地走出去，那太奇怪了。"毕竟，临阵退缩并非每个人的选项，贝尔纳贝伊在我们早些时候的谈话中已经点明了这一点。

"自我封闭是一种特权，"她说，"因此，我们邀请所有人都来体验这种成长边缘，不要自我封闭，而是强行跨越它。"

"好的。"我一边想象着那个动作一边说，"但是……要怎么跨越？"

"深呼吸，"她回答道，"尽量不要立刻做出反应，坚持下去，然后你会变得更加得心应手。"尽管如此，我想一定还是会感到一些不适。那么，答案就是学会忍受这种不适吗？

"听一下我的声音。我在谈论这些事情的时候，听起来有没有感到不舒服？"她问我。

"事实上没有。"我说。

"我已经完全不介意说'我不知道'了。"她说，"我们必须勇敢起来，必须承认在这个领域我们永远不会成为专家。你可以学会感到舒适。"

一些在这个问题上比我更明白的人指出，毫不夸张而且好笑的是，感觉有点儿不自在是像我这样的白人能做到的最低限度的事情。但是在贝尔纳贝伊和我挂断电话之后，我开始重读我在研究"尴尬学"时收集的一些笔记。我在本书的开篇章节提到了其中的一个定义，它是自我意识掺杂着不知该如何继续的不确定感，这就解释了为什么在这样的情境中，我们这些紧张的白人经常求助于"尴尬"这个词：接下来我们应该说什么，应该做什么？弄清楚这一点并不容易，但也并非不可能。

🐱 🐱 🐱

在参加研讨会之后的一段时间里，我一直在为本章前文提出的问题寻找明确的答案。当然，进行一些有助于改变思想——别人的和你的——的尴尬对话就像是在挑战自己，然而不幸的是，人类的直觉会在最出其不意的时候出错。我的大脑里作为科学记者的那部分自我渴望获得数据以及来自图表和线图的保证。

然后，我想起了 2016 年发表于《科学》（*Science*）杂志上的一篇了不起的论文，题为《持续减少的跨性别恐惧》（*Durably Reducing Transphobia*）。这篇论文描述了我读过的最乐观的研究之一。在这个研究中，研究人员与游说者合作，以考察在现实生活中，简短的对话是否足以改变人们对敏感、有争议的话题的态度。研究的核心是对两个重要心理学概念的成功应用：主动处理（active processing）和换位思考（perspective taking）。在想要开口却不知从何说起的时候，对这两个概念的了解有助于我在脑中确定对话的起点。

2014 年 12 月，迈阿密司法机构通过了一项法令，确保迈阿密-戴德县的跨性别人士在居住、就业和进入公共场所（顺便说一下，包括酒店、餐馆、图书馆和商店，但不包括公共厕所）时免遭歧视。当地的 LGBT 团体担心这项法令会引发对跨性别群体的强烈抵制，因此他们开始秘而不宣地敲响该地区选民的大门，通过简短的对话来评估他们的意见。游说者向选民征求对新的反歧视法的看法，还询问选民是否可以回忆起某个让自己感到受到了歧视的时刻。最后，在应门的人如此回忆之后，他们再次问对方对新条例的看法是什么，大多数这种谈话只持续了大约 10 分钟。

但 10 分钟似乎就已经足够了，因为现场实验得到的结果令人印象深刻。研究人员使用了一种叫作"感觉温度计"的东西，来分别衡量人们在这些短暂对话之前和之后对跨性别者的态度，他们发现选民的积极观点平均提升了 10 个百分点。为了正确理解这种疯狂的量变，让我问你一个问题：你还记得从 20 世纪 90 年代末至 21

世纪 10 年代初，美国人对同性恋者的态度有多大的变化吗？1998
年，距离艾伦·德詹尼丝的出柜宣言引发的争议才过去一年。2012
年，奥巴马成为第一位公开支持同性婚姻的总统。在这 14 年里，
美国国内对同性恋者的看法迅速发生了变化，但是发生在迈阿密的
那些对话能够让人们对跨性别者的态度以更大的幅度向积极方向转
变。只需要短短 10 分钟。

更重要的是，这些态度变化持续的时间不仅限于在门口的那一
刻。3 个月后，研究人员对参与对话的选民进行了回访，发现他们
看待跨性别者的态度仍然比对话之前更积极。

这只是一项研究。这是一项非常酷、非常有希望的研究，但这
也只是一项研究。目前尚不清楚它是否真的证明了关于尴尬话题的
对话具有改变思想的力量，尽管这篇论文的共同作者之一，斯坦福
大学的教授大卫·布鲁克曼告诉我，他有兴趣进一步探索这个问题。
目前也不清楚这种方法是否可以更广泛地应用于跨性别恐惧之外的
那些具有争议的话题，但至少就目前而言，从这项研究中学到的东
西让我有了一个着手之处。

我提到，游说者借鉴了社会心理学中两个确立已久的观点。其
中之一是换位思考：在谈话快要结束时，游说者询问选民，他们是
否能想起自己某段遭受不公平待遇的经历，然后，游说者温和地帮
助选民认识到，他们的个人经历与反歧视法的必要性之间存在的联
系。毫无疑问，你会意识到这是一种同理心的表现，是一种能够
想象并体会别人的感受的能力。正如我们在第二章中看到的那样，
准确猜测别人的情绪并不总是那么容易。所以，只要可以，开口

问吧。

这也是确保所谓的"尴尬对话"能够成功的关键部分。在《科学》上刊登的那项研究中，研究人员推断，促使游说者达成目标的可能是第二个起作用的心理学概念：主动处理。这个术语的意思是，放弃你的直觉本能，代之以认真而透彻的思考。在那些对话中，游说者数次要求选民阐释——也许是第一次大声说出——他们对跨性别者的看法。

在论文中，布鲁克曼和他的合著者认为，这可能促使选民进入了行为经济学家丹尼尔·卡尼曼（Daniel Kahneman）所谓的"系统2思考"（System 2 thinking）。与激烈而冲动的"系统1"相比，"系统2"是你更冷静、更理性的一面。这两个概念的结合似乎能产生一些特别的效果，可以让人们从基于直觉本能的肤浅争论转向真正的理解和共情，甚至是同情。

然而，尴尬的谈话可能会让人非常紧张。如果你亲身经历过就能很容易地明白这一点。我了解自己，我知道，如果我与一个持不同看法的人针对某个重大而令人不适的议题进行交谈，我的思绪就会变成一片空白，而且我往往什么话都说不出来。当我感到紧张时，我不确定自己咕哝的话语（主动处理！）会对我有多大帮助。

这很难，因为在某种程度上，这太复杂了，无法在那种法定规则书中找到解释。但是，一些社会心理学家，比如斯坦福大学的阿兰娜·康纳，至少正在试图帮助人们找到一个入手之处。康纳是SPARQ的执行理事，SPARQ是一所斯坦福智库，致力于将社会科学应用于现实世界（它的使命就体现在它的名字里面：Social

Psychological Answers to Real-World Questions，即现实世界问题的社会心理学答案）。当我打电话联系她时，她告诉我她正在整理一个"工具箱"，希望能够对那些有兴趣就重大问题展开"尴尬对话"，但又不知道从哪里开始的人有所帮助。

"第一步实际上不是试图说服任何人。"她告诉我。相反，她说，要像人类学家那样切入对话：尽你所能去理解对方是如何看待这个世界的，以及对方的观点与你自己的相比有何异同。"把它想象成一个机会，用来真正了解人们与你的想法和感受有何不同的机会，而不是要改变他们的想法。"对谈论困难议题而言，这是一种更冷静、更平和的方式，也是帮助对话双方保持开放心态、互相不抱成见的方法。这通常也是一条通往"主动处理"的道路。

如果你还需要更多的建议，康纳有一些实用技巧能够帮你学习如何像人类学家一样思考：提出问题，特别是那些以"为什么"开头的问题。这有助于达到两个目的：帮助你更清楚地以对方的视角了解世界，以及在不知道该说什么的时候有话可说。

她还敦促人们寻求共同点——这里又涉及换位思考了——并用以"我"为开头的陈述做出应答：当你说"X"的时候，我感觉到了"Y"。这样一来，谈话就不再那么像是彼此间简单地抛出事实，或者用康纳的话来说，不像是"我想用我的事实大棒把你打得投降"了。相反，她说，它将"讨论变成了'我们是两个互相关心的人，因此想要了解我们为什么会有不同的意见'"。

"嗨，加布？"

我和加布丽埃勒·博谢通了电话。她是我的高中同学（虽然她比我年轻），长大后写了几本关于职场上的"千禧一代"的书，并经常在大型会议上就同一论题发表讲话。

我一直很喜欢她，我对过于努力的女性情有独钟。如果让我说实话，也许这就是为什么我觉得她那么有趣——她让我联想到了我自己，至少有那么一点点，所以看着我们两个在意识形态的问题上渐行渐远是很奇怪的。

想要进行更多所谓的"尴尬对话"，或者像 W. 卡莫·贝尔一样相信它们的力量是一回事，真正开始一段"尴尬对话"又是另外一回事。我们中的许多人在成长的过程中都被训导不要兴风作浪、不要惹是生非，但这似乎越来越像是一种惰性的生活方式。可是，你到底应该怎么开口呢，尤其是如果你天生羞怯的话？

我采访贝尔时，他指出，你不必在这一点上想得太多，特别是在如今这些日子。"唐纳德·特朗普基本上每天都在邀请人们进行不愉快的谈话。"贝尔说，"如果你只在社交媒体上与人有些你来我往，那么你就做错了。你必须真正与现实生活中的人……与那些同你意见相左的人交谈。"

于是便有了这番通话。博谢非常慷慨地同意了电话交谈，而在我们聊天的时候，距 2017 年 8 月弗吉尼亚州夏洛茨维尔白人民族主义集会上的暴力事件才刚刚过去几周。两位漂亮的白人女士谈论白人民族主义在美国的兴起，这应该是一个相当令人不舒服的起点。

在我打电话给她之前，我在笔记本上写下了斯坦福大学的阿兰娜·康纳和其他人向我讲述的规则：寻求共同点；提出以"为什么"为开头的问题；发表以"我"为开头的陈述；做一名人类学家——试着理解而不是说服。在与指导列表相对的页面上，我列出了可能提及的话题，最后一个是"双方……"然后博谢很快就将谈话引到了那里，没用我操心。

"我相信特朗普总统出来说'我谴责双方的暴力'……是因为他看到了双方都在煽动——而且不仅有暴力言论，还有暴力行为。"她说。她看不到，但是在她说这话时，我扬起眉毛表示怀疑。

"坦率地说，"她继续道，"我认为他确实表现出了相当的领导能力。"

听着，我不期待能凭借勇气获得什么奖励。在这一刻，我内心的一切都告诉我，要礼貌，要掩饰我已经发现这种模棱两可的冒犯。然而，最近礼貌的意义似乎被高估了。"我想对我来说，"我用一个以"我"为开头的陈述句慢慢开始说，"他那样说还是挺让人惊讶的，毕竟有一个人死了，而且大家都非常清楚——"

"是谁干的。"她插话道。

"嗯，对啊。"我说，"这就是为什么'双方'的说法让人那么生气。但那不是——我猜你并不是这么解读的。"

"我听他的新闻发布会时，并没有考虑：'噢，你知道，显然他应该说，那个杀了人的白人民族主义者——我们尤其（不要）宽恕他。'"她说，"他应该那么说吗？也许吧。但我认为这就是那种我们从未在小布什总统在任时听过的演讲，在奥巴马的年代当然也没有过。"

她不停地说啊说，在我几乎意识不到的情况下变换主题。事后重听录音时，我对自己的胆怯感到愤怒。我一直试图提出"为什么"的问题，好让她解释自己的观点，但回想起来，我不确定她是否有兴趣在那种主动处理的层面上进行对话，也许该怪我自己没有说清楚我的问题（有一次我脱口而出："你——你喜欢特朗普吗？"所以，是的，大概确实怪我）。

挂断电话后，我感到不舒服。我们没得到任何成果。何苦呢？

很多媒体对本章前面提到的发表在《科学》杂志上的论文的报道主要专注于这样一个事实，即这次 10 分钟的谈话足以改变人们的思想，无论是就短期而言还是就长期来讲。然而，贝尔虽然对"尴尬对话"的重要性持有自己的信念，但他也知道事情并非如此简单。

"我从别人那里听到过这样的话：'卡莫，我听了你那些关于"尴尬对话"的话，我试着和爷爷谈了一次，结果太糟糕了，没用，所以我不同意你的观点了！'"我们通过电话聊天时，他告诉我。"要我说，你以为你是谁啊，还以为一次就能解决问题？"而且，就像我刚才举的那个例子一样，如果你只进行一次那样的谈话，你很可能会做得很糟糕。

贝尔告诉我，他最近一直在思考这个问题，也就是"尴尬对话"的力量和局限性。就在几天前，他录制了一期《卡莫时间！》。节目中，他的朋友、喜剧演员和社区组织者内托·格林向他对尴尬力量的信念提出了挑战。"他相信你必须脚踏实地，"贝尔说，"他相信，有时候你必须冲向力量的大门……而且尴尬的谈话并不一定能让你足够快地得到想要的改变。"

贝尔同意，大体上。但对他来说，华盛顿大游行或者妇女大游行之类的运动符合他对"不怕尴尬意味着什么"的定义。有人有勇气说，嘿，呃，这就是你在做的事情吗？这对我来说并不管用。

"我的意思是，占领华尔街只是一种开展'尴尬对话'的方式。"他告诉我，"你猜怎么着？现在每个政客都知道怎么说'财富不平等'。之前没人知道该怎么说！所以，就像人们认为占领华尔街之类的运动最后都失败了，不是每件事的发展都能尽如人意，世事难料。现在，各种社会声音都经常说'财富不平等'。别管他们是否真的打算为此做点什么……至少这件事的开始就是你脑子里有了这个词。"

顺便说一句，贝尔明确地说，能够选择避免许多这样的对话，或者只进行一次就放弃，这真的很棒，因为不是每个人都有这种选项。"我认为，有色人种、同性恋者、有色人种中的同性恋者、残疾人——我们都习惯了进行这种谈话，你知道吗？"他对我说，"我们这些被允许在大千世界自由奔走，只担心租金和工作之类的问题的人——我们必须习惯进行更多的'尴尬对话'。"

自我概念受到挑战的感觉是恐惧而迷惑的。我喜欢把"无法逾越的鸿沟"想象成一个实际存在的地方，一条幽暗的深渊，横亘在你和另一个人之间。你知道我们形容尴尬时刻的说法吧，比如"我真想找条地缝钻进去"，也许这就是我们的真心话。或者，使用我在第一章中提到的另一个比喻：如果我们有时会利用别人来看自己的镜像，那么开始一场"尴尬对话"就像是进入了一间满是镜子的大厅。你可以看到他们如何看待你，你也在看到他们的同时意识到自己是如何看待他们的，这可能会改变他们先前看待你的方式——这些想法令人头大。这太吓人了，但又是值得的。至少，在与博谢的谈话中，我发现自己只要一提特朗普的名字，大脑就会立刻短路，我就又不知所措了。只要能让我更有效地对抗我们交谈时笼罩在我脑子里的那团迷雾，我就能进一步克服这个障碍。

另外，如果我们不能像在第二章中讨论的那样，如自己想象中般读取彼此的思想或情感，那么我们就不得不学习如何谈论困难的话题。我反复提及，把"尴尬"这个词用在沉重的话题上可能会让人觉得太轻描淡写了，但我开始怀疑，这是不是真的对我们有好处。使用这个词可以让那种不舒服的感觉更易于管理，也许对我们这些并非天生胆大的人来说尤其如此。只是有点儿尴尬，仅此而已。"对我来说，"贝尔说，"拥抱尴尬，直面情况会变得尴尬这样一个事实，能让我明白，事情并没有很糟糕。它只意味着'好吧，我会感到不舒服、难为情'，而不会让我想把这些感觉看成负面的东西。它们不过是'尴尬对话'的一部分而已。"

第二部　大伙儿是不是都在盯着我？

04

掉进尴尬旋涡

"对不起，快一点……"男士对女士说。他们是两位商务人士，正身处一间平淡无奇的会议室。他正在进行面试，而她此刻刚从总部赶来，负责旁听和记录。男士身材中等，而女士个子矮小。这一点很重要。

"请问怎么称呼？"他问她。"我是不是……"他没有把话说完。

"啊——弗兰。"她答道。

"阿弗兰？"他重复道，"这是什么缩写，还是……"

"不，"弗兰说，"这就是我的名字。"我点了"暂停"按钮。弗兰和这位不知名的面试官都是演员。在视频网站上，他们演的这部短片我已经怀着惊惧的心情看了至少十几遍。在短短不到 4 分钟的时间里，它就能让我尴尬得仿佛看到了连续剧《消消气》（*Curb Your Enthusiasm*）中的拉里·戴维演得最糟糕的片段，以至于我不得不暂停视频，让自己缓一缓。几秒钟后，尴尬消失。我点击"播放"键。

"哦，好吧。"男人说，"那么，欢迎！太棒了。请坐！"

"谢谢。"弗兰答道，带着温暖的微笑伸出她的右手。

"哦！对不起，好的。"无名男子说，然后把双手撑在弗兰的腋下，将她从地上举了起来，放在她身后的椅子上。突然换成了坐姿的弗兰好长时间都没动弹，双眼圆睁，眉毛拧成了一副不可思议的样子。

"握手就可以的。"她最后说道。

"不！"他回答说，并挥手打断她的话，"没关系，真的。"

这不是现实生活，但却是基于一系列发生在残疾人身上的真实事件改编而成的故事，故事的主题是他们不得不忍受健全人造成的尴尬。这是英国残疾人慈善机构 Scope 于 2014 年发起的"结束尴尬"运动的一部分。公共关系经理丹妮尔·伍顿告诉我，这场运动的灵感来自该组织在英国人对残疾人的态度方面的研究。"最有趣的发现之一是，很多健全人士在残疾人士身边表现出来的态度是……尴尬。"而不是直截了当的歧视，她说。Scope 还致力于解决英国残疾人群体面临的结构性问题，例如无障碍设施、就业和住房。但这似乎也是一个值得呈现的主题，是一个以轻松的喜剧口吻来设法解决一个基本无人言说的问题的机会。

根据 Scope 的研究，大约 2/3 的受访英国人表示，他们在残疾人身边会感到尴尬或者不舒服。18~34 岁的年轻人中有这种感觉的比例是年龄较大的人群的两倍，而在这个年龄组中，有 1/5 的人声称他们会刻意避免与残疾人互动，因为那让他们感到非常不自在。伍顿说，往往"健全人最终会感到惊慌或者尴尬，因为他们害怕冒犯对方"，而许多健全人"不想承认这是一个问题"。她继续道："听到因为你自己的社交尴尬而让残疾人感受到被社会孤立，让我感觉并不是很好。"

我必须承认，我自己也曾陷入这种尴尬中，最近也发生过一次，在我和一位我感觉与我相当投脾气的女士交谈的时候。不久前，我与一位名叫艾米莉·拉道（Emily Ladau）的作家通了电话，讲述我在本章开头提到的 Scope 的广告。拉道是一位活动家，也是公众演说家，她在残疾人权利方面的工作已经被《华盛顿邮报》、嗡嗡喂和《纽约时报》等媒体报道过。不过我得承认，我对她最深刻的印象停留在 2002 年，那时年仅 10 岁的她在《芝麻街》中和观众们见了面。她还运营着一个有趣的博客，叫作"轮上之言"（Words I Wheel By），主要用来记录她作为一名坐轮椅的女性的生活，她在里面发表了一篇推荐"结束尴尬"活动的文章。拉道诙谐而迷人，在采访她的过程中，我得到了太多的乐趣，最后基本上以极其放松、散漫的方式结束了这次交谈，就好像我们讨论的是"我们可以一起出去逛逛吗？！"

但是，当我试图向她描述那则广告时，我却犹豫了。当然，我知道用来指代侏儒症患者的"小个子"（little person）这个词，但当我试图形容那名男士时，我的声音中流露出明显的惶恐。我录下了这段谈话，重听时被我自己弄得无比难堪，以至于在转录成文字时，我不得不一直把音量调低，直到那一段过去。"就像，呃，一个小个子，"录音中的我说道，"还有，呃……"当我绞尽脑汁，不顾一切地寻找适合描述面试官的正确用语时，出现了令人不适的停顿。"正常"？不，我知道这个词显然不妥。"高"？最后，我说出口的是："呃，不是小个子。"我对可能说错话感到非常紧张。

在无数其他的情境中，这种事情发生在我身上，可能也发生在你身上。当我在派对上思虑过度，脱口而出一些怪话时，就会发生这种事情，它在我职业生涯早期的会议中也经常出现。在我负责讲解的时候，我的自我意识有时候会非常强烈，就好像我的一部分已经从身体中分离出来，与大多比我年长20来岁的其他编辑坐在了一起。"虚幻的我"正在看着"真实的我"陷入一道强加给自己的"无法逾越的鸿沟"中，笨拙地解释着我的团队第二天的安排细节。这孩子打算说什么？分裂出来的我与其他人一样好奇着。她的眉毛怎么了？这是她本周第三次穿那件羊毛衫吗？

有时候我觉得，如果我能更好地控制自己的言语和行为，也许我就能在这些情况下镇定下来，然而这种本能在现实生活中往往帮不上什么忙。当我发现自己处于尴尬的境地时，我的紧张常常会导致极端的自我意识，而这会让我更加紧张，自我意识更加强烈，如此周而复始，恶性循环。如果你看待自己的方式处于"无法逾越的鸿沟"的一侧，而其他人看待你的方式是在另一侧，那么在两者之间，往往就是我发现自己被困住的地方，特别是当那个"紧张—自我意识"的恶性循环开始发威之后。这是我开始称之为"尴尬旋涡"的地方。

研究证实了在日常生活中，自我关注和尴尬之间的恶性循环确实存在。我可以告诉你我读过的所有关于这方面的学术文章，题目包括《焦点效应对社交恐惧症患者的焦虑水平和社会效益的影响》和《焦虑和自我中心：特定情绪如何影响观察视角》，或者我可以告诉你哪个电视场景在15秒之内就完美地捕捉到了"尴尬旋涡"的思想。利兹·莱蒙在《我为喜剧狂》（*30 Rock*）第三季的某集中告诉她的老板杰克·多纳吉，在参加全是陌生人的聚会之前，她已经养成了一套小习惯来激励自己。"别出汗了，你这个白痴。"她站在镜子前恳求自己，汗流浃背地说着，疯狂地想把自己擦干，"你有什么毛病啊，你这个蠢货？！"奇怪的是，这对她来说似乎没什么帮助。

利兹·莱蒙可悲的派对前准备仪式让我重新思考了"结束尴尬"运动以及我自己在早期职业生涯的那些会议上的表现。说实话，我对研究尴尬的兴趣始于私心，希望把那种感觉从自己的生活中永远地驱逐出去——用科学手段！到目前为止，我已经数不清我在晦涩的心理学期刊上阅读过多少篇旧文章。那些文章剖析了最有可能充满尴尬的社交互动，比如如何加入别人进行中的对话，或是使用何种策略退出那种对话。很多文章还包括令人困惑的图表或者数学公式，因此过于复杂，难以对抵御人类日常尴尬有什么帮助。这一切的开始是我的探寻：探寻答案、探寻指引、探寻美好的科学定论，让我免于陷入社交失误带来的折磨与不适。

例如，20世纪70年代，一些社会心理学家提出了一个问题，只要是参加过网络活动、鸡尾酒会或者任何人类聚会的人，都会对这个问题感兴趣：结束一段对话的最佳方式是什么？在偷听过朋友和陌生人之间数十次的交流之后，这些勇敢的学者提出了一些极其具体的公式，精确地传达了做到这一点的最佳方法。例如，普渡大学的行为科学家团队观察到，在谈话的最后45秒，人们在使用过渡性的词语或者短语（通常类似"这个嘛"，或者是一声不雅的"呃"）之前，倾向于使用"强化"短语（比如"是啊"或者"嗯哼"），接下来，再用某种感谢性的短语结束对话。

1978年的一项类似研究也提出了一个能够优雅地退出对话的公式。在听了20对朋友和20对陌生人之间的电话交谈后，宾夕法尼亚大学的斯图尔特·阿尔伯特（Stuart Albert）和纽约州立大学帕切斯学院的苏珊娜·凯斯勒（Suzanne Kessler）设计出了这个公式：

申明主要观点→提出理由→积极陈述→表达再约意愿→表示祝福

在现实生活中，它听起来也许是这样的：

甲："好吧，我们已经聊过了所有想讨论的话题（申明主要观点），那就先这样吧，我跟别人还有约呢（提出理由）。"

乙："是的，我真的很喜欢我们聚在一起的时候（积极陈述）。"

甲："咱们下周再聚一次吧（表达再约意愿）。"

乙："好的。保重（表示祝福）。"

近年来，承诺教你如何避免尴尬的书籍、视频和文章不断涌现，而且它们总是能给出怎样在日常生活中应付自如的具体指示，通常都会引用这些研究作为例子。要让社交活动不那么尴尬，没有什么比套用公式更有效的方法了。事实上，我第一次见到上述公式，是在《快公司》(*Fast Company*)杂志旗下的网站上，文章标题是《礼貌地结束谈话的科学》。几周前，我看到了一段视频，它声称能教你快速分辨某人是打算拥抱还是握手。其中最大的秘密是：如果他们想要握手，就会伸出一只手朝你走来；而如果他们想要拥抱，则会伸出双臂。

公平地说，这些年来，我作为一名健康和科学编辑审阅了大量类似的文章。在这之中，我前一阵子读到的一篇询问人们，他们能否猜出在一场谈话中出现具体多长时间的沉默，气氛就会变得尴尬——根据 2011 年发表在《实验社会心理学杂志》(*Journal of Experimental Social Psychology*)上的一项研究，答案是 4 秒钟。然而，知道这一点在现实生活中又能有什么好处呢？难道我是在争论，如果谈话出现停顿，你应该确保沉默不会持续 4 秒？或是说，难道人们还要一秒一秒地数着时间的流逝？这似乎并不是一个能让社交互动不那么尴尬的好策略。不过，想想看，这样一个有趣的事实也许正好可以用来打破尴尬的沉默，所以归根结底，它大概还是有用的。

我们在《纽约》网站上发表的另一篇热门帖子标题为《在长走廊或者街道上迎面碰上几乎不认识的人时，如何应对对视的尴尬》。这篇文章引用了克莱蒙特·麦肯纳学院的一位研究非语言交流的心理学家罗纳德·里吉奥提出的建议："在相距 30 英尺处进行目光交流，然后中断目光交流；在相距 10 英尺处进行短暂的目光交流，扬眉，然后直视前方。"

我读过很多这样的文章，我也写过很多这样的文章，但我必须考虑到，过于密切地关注自己和自己的行为会适得其反。这让我想起了神经学家丽莎·费尔德曼·巴雷特在另一个方面对微表情的评论，一个我在第二章没有提及太多的方面。微表情的想法对我这样具有自我意识的人很有吸引力：记住这 7 个表情，然后就可以心安理得地认为，你能正确地表达出你想表达的情绪。不要将眉毛拧在一起，除非你想表明你在生气；不要皱鼻子，除非你想让别人知道你正感到厌恶等。巴雷特对微表情的意见在于，她并不相信它们真的与情绪对应得那么紧密，就算它们确实对应，可那么努力地关注自己的脸，难道不会让你从正在进行的对话中分心吗？"现在我要只挑起左侧嘴角，就能做出一个假笑。"在我看来，如果一直这样分析来分析去，你反而会面临社交瘫痪的风险。

这是被心理学家称为外部监控理论（explicit monitoring theory）的一种说法，这种观点认为，如果你特别擅长某种活动——打高尔夫球是一个很贴切的例子——过多的自我关注会让你把这件事搞砸。在香港大学研究人类表现的里奇·马斯特斯（Rich Masters）设计了一份调查问卷，以确定哪些运动员更有可能在压力下崩溃，也就是那些倾向于同意如下陈述的人：

▼当我运动时，我会在意自己看起来是什么样子。

▼ 我有时会觉得我在看着自己运动。

▼ 如果在商店橱窗里看到自己的倒影，我会审视自己的动作。

▼ 我关心我运动时其他人对我的看法。

我觉得自己完全被说中了。

西恩·贝洛克（Sian Beilock）——以前是芝加哥大学的心理学家，现在是巴纳德学院的院长——是外部监控理论方向最杰出的专家之一，她对这个理论潜在的社会应用进行了推测。她同意这是对尴尬时刻的合理解释，然而她也提醒到，这只是一种预感，尚未经过检验。她对"人类绩效"的研究表明，对新手来说，密切关注自己正在做的每件小事是良好的学习方法。如果你之前从未打过高尔夫球，那么你必须首先专注于正确的握杆方式与站姿。但是，贝洛克和其他许多人一同研究发现，一旦你具备了专业素质，过多的自我关注就会导致你的失误。在极端情况下，它甚至可以为专家提供"易普症"（yips）①案例，比如说，像纽约洋基队的查克·纳布拉克这样的棒球运动员突然无法成功将球丢给一垒。

用这个例子来比喻社交生活倒也还挺贴切的。也许，正如那些演讲视频、公众号文章和励志书籍暗示的那样，人们可以深入思考日常互动的复杂性。欧文·戈夫曼在《日常生活中的自我表现》中观察到了这一点，若要"发表听起来真正随意的、自然的、放松的言论，发言者必须非常谨慎地设计他的措辞，一个词一个词地测试，

---

① 一种运动障碍性疾病，患者会产生无意识的肌肉收缩，最早于高尔夫球运动员中发现，现多认为发病诱因为心理压力过大。

以便跟上日常谈话的内容、语言、韵律和节奏。与此类似，一位时尚杂志模特，通过她的衣着、站姿和面部表情，能让她刻意地表现出她对这份杂志主题的理解，但那些费心思打扮自己的人其实没有多少时间可用来阅读"。你可以在某个尴尬情况发生之前过度思考自己的行为，但如果你在尴尬情况发生时再过度思考，那么就很有可能让自己陷入"社交易普症"。有时，我会过于努力地让自己看起来在会议上认真倾听，以致忘了真正认真倾听。也许你可以想到类似的情况，你花了那么多时间担心自己在交谈中的发言是否恰当，可谈话结束的时候，你几乎不记得自己说过的任何一句话。

贝洛克写道，这是因为你对自己表现的担忧给自己造成了太大的心理负担，以致你没有足够的能力来完全投入手头的任务。"担忧（并试图抑制自己的担忧）会耗尽工作记忆，而工作记忆原本可以用来同时记住好几条信息。"意思就是，如果你在第一次约会或者面试时太专注于给人留下良好的第一印象，你就无法将足够的注意力用于谈话中。"事实上，在许多面对着艰难的思考和推理任务的情况下，"她继续说，"过度担心可能会因为转移脑力而破坏人们的表现。"

这有点儿像是，一旦你想到呼吸，接下来的几分钟内你就必须提醒自己呼吸，直到它再次成为一个无意识的过程。或者，举一个在本章中第二次引自《我为喜剧狂》的例子：在第一季名为《杰克-托尔》的一集中，我们可以看到杰克·多纳吉在拍摄教学视频时是怎么崩溃的。"这很奇怪，"他说，"我的手臂该怎么动？我以前从未想过这个问题。"他在办公室里转了个弯，机械性地将每只手臂和与其相应的腿同步移动。"是这样吗？"他问，"或者，如果可以的话，这样？"他再次尝试，这次，每迈出一步，他的手臂都抬得更高一些。"也许我应该拿着什么东西。"镜头切换，杰克面带微笑，双手各举着一个咖啡杯。"好的，就这样。这感觉更自然，这样做对吗？"

生而为人，真是费力又尴尬。

🐱🐱🐱

有时候，"结束尴尬"运动的广告会让我想起英国连续剧《办公室》（*The Office*）的场景。这与连续剧使用静音——就像是听觉上的空白空间——来凸显令人尴尬的台词的表现手法有关。而且，就像《办公室》一样，"结束尴尬"运动也有一个美国山寨版。

"打个招呼"（Just Say Hi）是一项由美国脑瘫基金会于 2015 年推出的广告活动。威廉·H. 梅西等演员和哥伦比亚广播公司《今晨》（*This Morning*）节目的主持人盖尔·金在广告中"讲述了一些人在残疾人身旁时表现出的不必要的犹豫"。在梅西的广告中，他在一个抚慰人心的壁炉前，直接对着镜头讲话："脑瘫基金会要求我找到一个与残疾人开始对话的好方法。嗯。"他说，然后暂停了一下。"你好！"这个广告想要表达的意思和"结束尴尬"运动非常相似，而且这是一条非常有价值的信息：健全人，不要因为害怕对残障人士说错话而什么都不说，还有，不要想得太多！打个招呼就好了。

然而，作家、残疾人权利活动家艾米莉·拉道在她的博客上对这种信息的传达提出了富有见地的批评。她明白广告传达的意思应该是，健全人在残疾人身边的言行根本不应该有任何不同，但对她来说，这些公益广告犯了一个错误。正如她在一篇博客文章中指出的，"从来没有人发起过'向你见到的每一个人打招呼'活动"。

　　她告诉我，有趣的是，这些广告事实上真起到了作用。"我的残疾人朋友告诉我，在那些广告上线后，他们中的一些人就遇到了别人走上前来，说什么'我就是来打个招呼！'或者'我看到了宣传片，觉得我应该来打个招呼！'的事情。"她说，"他们的感觉差不多就是：'你为什么要跟我说话？这让我很不舒服。'"感觉太刻意了，不自然。我们大多数人在公共场所走动时都希望能被稍微礼貌性地忽视——这是社会学家使用的术语，表示城市居民通过快速的目光交流来承认彼此的存在，然后礼貌性地恢复到忽视彼此的状态。

　　当然，我当时不在现场，但可以肯定，这些人本来无意让拉道的残疾朋友们感到不舒服。也许他们只是无法跳出自己的视角。除了"社交易普症"的概念之外，心理学家亚当·格林斯基（Adam Galinsky）及其同事近期提出了一个有趣的理论：紧张会把人困入自己的视角中，使他们难以从别人的角度看待世界。"当你感到焦虑时，你的注意面会变窄。"当我就格林斯基基于自己的研究发表在《纽约》上的一篇简短文章采访他时，他这样说。"你觉得你必须回归自己的本心，把事情弄清楚——他们真的喜欢我吗？我真的是个好人吗？"

在这方面，"结束尴尬"的广告中有一个很好的例子，就是我在本章开头提到的弗兰旁听面试的场景。面试官对应聘者说："那么，如果你被邀请加入公司，我认为重要的是不断尝试，迈着小步子慢慢来。"他打断了自己。"对不起，弗兰。无意冒犯。"正在做笔记的弗兰停顿了一下，但也没有说什么。

"因为工作本身就挺锻炼人的——"他停下来，对弗兰说，"我得再说一遍，对不起。""你不必因为说这些日常的词汇而道歉！"她说着，对面试官和求职者露出一个只是稍微显得有些气恼的灿烂笑容。"请尽量放松下来。"她告诉他。

这条建议让我想起当初让我认识拉道的那篇博客，是一篇关于"打个招呼"运动的文章。"我不是名人，"她写道，"但是关于残疾人的事，我也略知一二，所以我也要发布一则公益广告：在我身边只管正常行事。"（事后，她告诉我，她希望她用的词是"自然"而非"正常"。）然而，想一想拿着两个咖啡杯的杰克·多纳吉和在镜子面前汗流浃背、惶恐不安的利兹·莱蒙吧。向你自己表达出自然行事的意愿——别出汗了，你这个蠢货！——是一个让自己陷入尴尬旋涡的好方法，我相信我有必要跟拉道讲清楚这一点。

"如果你是第一次见到某个人，而对方的外表有某些特别明显的问题——难道你会立刻指出来，或者说'你出过什么事？你怎么了？'这样的话？"她说，"或者，换一种情况，难道你会直接去找一个没有明显残疾的人，用一种唱歌似的语调说话，然后转身就走？"——说到这里，她换成了人们哄小孩时的那种语气——"'嗨——很高兴遇见你！我是艾米莉！'"

"等一下，"我说，"你遇到过那种事情吗？"

"哦，遇到过。"她说。人们看到她的轮椅，就认为她肯定也有认知方面的障碍。"对我来说，'只管自然行事'的意思就是'只管像对待没有任何残疾的人一样行事'！如果你在每个人面前都是个浑蛋，那么，我想，你就在每个人面前都做个浑蛋吧。若非如此，就别那么大惊小怪。"

在接下来的几章中，我们将探讨一些防止迷失在尴尬旋涡中的方法。但是，当你认为过度紧张正在损害自己的注意力时，你可以做一些相对简单的事情。心理学家、巴纳德学院的院长西恩·贝洛克告诉我："我认为这可以追溯到竞技体育领域的建议。"假如你带领着一群能力都差不多的足球运动员，要求他们在一条摆着交通锥的障碍路线上运球，他们会做得一样好。但是如果你要求其中一半专注于技巧（保持放松、弯曲膝盖），并要求另外一半专注于结果（尽量让球接近交通锥），那么后者的成绩会更好。

这个原理也适用于尴尬的时刻。"在你练习得很充分的情况下，"贝洛克说，"专注于结果。"而不是技术动作。说白了吧，除了焦虑症或者类似的严重问题，她指出，我们大多数人在与其他人的交流方面都已经经历了充分的练习。无论对方是你最亲密的朋友和家人，还是公司假日聚会上的老板，或是明显与你不同的任何人，技巧都是一样的。不管眼下是什么情况，她说："牢记你想要实现的目标可以让你摆脱细节的困扰。"这样你就可以专注于面前的人。

目标是什么要由你决定。也许，贝洛克建议，你可以决定"了解这个人的某个方面"，并且希望自己了解得尽可能透彻。哪怕你尝试了，而且感觉很尴尬，你至少可以放心，你能造成的古怪气氛不可能像拉道经历的那些事情一样严重。"我记得我去华盛顿市参加过一次面试。"她告诉我，"面试前，我在酒店里吃早餐——沉浸在自己的小世界里，试着给自己补充点儿能量。"在她吃饭的时候，一个小女孩和她的母亲走了过来，女孩开始和拉道聊天。"然后，突然间，"她说，"她问她的母亲，她是否可以为我祈祷。"

"哦，不。"我说。二手的尴尬令我坐立不安。

"可不是吗。"她说，"事情就发生在整个休息区的前面，大家都在那里吃早餐。"每个人都可以看到，每个人都可以听到，在她母亲的鼓励下，女孩开始祷告。如果拉道提出了这样的要求，或者她们问过她是否许可，那是另外一回事。但是，她没有要求过，她们也没有问过她，现在拉道非自愿地成了一个奇怪的焦点。"我就只能坐在那里，接受这件事。"她说，"之后，我感到很惭愧，我真的应该阻止她。但当时我感到非常不自在，乃至几乎失去了全部的沟通能力。"

有一种宽厚的解释方式：毫无疑问，女孩和她的母亲相信，为拉道祈祷是在做好事。有必要澄清一下，拉道并不生孩子的气，但她认为当妈的应该更明白些。这位母亲都是成年人了，难道不应该站在拉道的角度考虑一下，认识到将她置于聚光灯下可能是对她的羞辱吗？

再说一次，记住贝洛克的建议，牢记你的目标有助于避开自我意识的旋涡。在一条"结束尴尬"运动的广告中，一位正在工作的女士打算向一名失去右手的男子表示欢迎。在视频中，女人伸出了左手而非右手。也许可以说，她决定的目标是让互动尽可能顺利。

顺便说一句，在我努力开始谈话的时候，在我摸索半天，最后在所有可能的选项中决定的"最好的选择"就是"不是小个子"的时候，拉道就在为我做这件事。

"如果有帮助的话，"她说，"我认为你想用的词是'平均身高'。"确实有帮助。顺便说一下，你是可以提问的。如果你想不起某个人的名字，你可以问！如果你想用某个词来形容某个人的残疾或者损伤，却怎么也想不起来，你可以问！我们彼此间有义务帮助对方结束尴尬，因为离开旋涡的唯一途径就是通过他人的帮助。正如我们将在下一章中看到的那样，对方往往不会像你想象的那样，因你的尴尬而感到困扰。

05

就像没人在看那样起舞吧，
因为确实没人看！

在探讨那件事情之前，斯蒂芬·阿斯托尔（Stephan Aarstol）希望我了解：他并不害怕公开演讲。事情发生后，他告诉我，每个人都认为那是怯场。"我上高中的时候是班长，"他说，"我曾多次在成千上万的人面前讲话。"他并没有为聚光灯感到困扰。

2011 年的某一天，阿斯托尔接到了《创智赢家》（Shark Tank）节目制片人的电话。这是美国广播公司一档非常受欢迎的节目，企业家在节目上向富有的生意人推销自己的公司，以换取对方的投资，当然也可能一无所获。这就是电视真人秀的戏剧性。就在这个年代的早些时候，我们不是还觉得所有人最终都会在电视真人秀中大放异彩吗？这类节目那么多，而处于宝贵的 18~49 岁年龄段的美国人又那么少。我倒是没有为这样的节目试过镜，因为与阿斯托尔那南加州般的冷静不同，我厌恶聚光灯，哪怕是功率没那么高的。有一次，我在市中心的一家爱尔兰酒吧欣赏一个朋友的乐队演奏。在两首歌的间隙，他在架子鼓后面喊我，问我要不要点歌。"嗯。"我说，话语顿住，盯着自己的精酿啤酒。我的脑子里突然一片空白，我想象着酒吧里的每个人都在看着我，我想出一个歌名的时间越长，他们越是觉得奇怪。"要不……呃……甲壳虫乐队？"我最终无力地答道。没有具体的歌名，就是"甲壳虫乐队"。

不过，如果有人恰好邀请我参加真人秀节目，我可能还是会考虑一下。阿斯托尔告诉我，这和发生在他身上的事情差不多。"他们说希望找个站立式冲浪板公司上节目，"他告诉我，"而我们就是一家站立式冲浪板公司。"他的公司是一家直接面向消费者的线上冲浪用品店，生意非常好，最近的利润已经足够阿斯托尔雇用他的第一名员工。他还没急着在电视真人秀上亮相，电视真人秀倒来找他。似乎只有傻子才会拒绝。

几个星期后，他到了片场，路上用了几个小时。坦率地说，他很无聊，一整天坐在索尼影业的工作室里无事可做，只能在心里排练他的推销词，而头天晚上在宾馆房间里，他已经自己演练了一遍又一遍。人们说不要背诵你的演讲，但是阿斯托尔对临场发挥这种事态度谨慎，特别是当他会在黄金时段出现在 600 万电视观众的面前时。反正也没有别的事可做。在大多数时间里，制片人都没在他身边。

7 个小时后，他被召唤到摄影棚巨大的门前。在短短 3 分钟内，大门会戏剧性地打开，好让他走上舞台，直面商业大鳄，开始他的演说。在无所事事地消磨掉大半天之后，最后一刻发生在门后的一阵手忙脚乱令阿斯托尔感到开心，又有点儿恼火：一位制片人注意到了阿斯托尔的人字拖上的一个商标，于是差遣一位员工找来一块布料和一把剪刀，迅速地遮掩了一下。现在还有两分钟时间。

"然后有个人给了我这个——看起来像一个车库门遥控器。"阿斯托尔说。这是他的幻灯片演示遥控器，制作人迅速地介绍了一下操作方法：按下这个按钮向前播放，这个用来后退，明白了吗？"这时候，"阿斯托尔说，"门开了。"

他向前走去，朝着大佬们和地板上标示着他的站位的叉号走去。他担忧着手中的遥控器，心里默念着仓促学来的操作说明：这个按钮向前，这个按钮后退。好的。我明白了。

他没明白。"于是我就吧啦吧啦地讲了起来，然后按下按钮播放下一张幻灯片，"他说，"结果呢，其实它的功能是播放所有的幻灯片。"在好几次漫长的停顿中，阿斯托尔在大佬们面前一言不发，而摄像机还在运转。我只要提交过幻灯片文稿，就会把自己记住演讲进度的希望完全寄托在幻灯片身上，而阿斯托尔显然跟我是同一套路数。在舞台上，听着计时器记录下仿佛空气都已经凝结的10秒钟，他徒劳地滚动着幻灯片，支支吾吾，词不达意。

"我的，呃——"这里有一句被消了音的脏话，之后阿斯托尔低头看着地板，仿佛希望能在那里看到他的演讲文本。"我的公司是，呃……"他又被消了一次音，然后换了个策略，重复已经说过的话，"站立式冲浪板是世界上发展最快的水上运动——"

"我们知道。"达拉斯小牛队老板、亿万富翁、常驻嘉宾马克·库班打断了他。

"别担心，"加拿大企业老板凯文·奥莱利打趣道，"这只是你生命中最重要的时刻而已。"

在节目中，这一切持续了大约一分钟，而在实际录制时，阿斯托尔结结巴巴地说了至少三四分钟，于是这成了真人秀节目经过剪辑之后，还没有实际情况那么令人尴尬的罕见例子。不过对于阿斯托尔来说，这还是太晚了。那时他还不知道，6 年后，这一刻将会成为 YouTube 上的一段爆红视频"在《创智赢家》推销环节说不出话的哥们儿"，它的播放次数高达 25 万，而且还在持续增长。

不过，也许他其实也意识到了未来会发生这样的事情。"事情开始搞砸的时候，我脑子里就在琢磨：'我在电视上丢人现眼了。这是一台真人秀——他们可以用这个镜头做任何他们想做的事。'"他回忆道，"'你要振作起来。'"

🐱 🐱 🐱

早在我和阿斯托尔谈话之前，我就知道他的故事有着怎样的结局。我开始在网络上搜索他，这种搜索力度我通常只用于曾经对我有些刻薄的人。比如，我知道他从库班那里得到了一大笔投资，库班花了 15 万美元购买阿斯托尔的公司 30％ 的股份，以及今后任何商业项目的优先否决权。自那一集播出以来，该公司的收入已经超过了 2500 万美元，如今库班声称，那是他在节目中做过的最好的投资之一。我找到了最近《霍华德·斯特恩秀》(*The Howard Stern*

Show）中的一次采访，节目中，库班提到了阿斯托尔，但仅仅是因为他的成功，而不是他的出糗。"他太厉害了。"库班告诉斯特恩，"他一直在快速成长，我为他追加了额外的投资。"

话说，我倒是希望这个故事是在告诉我们，忍受尴尬的时刻百分之百会让你富裕和成功，然而如果这是真的，那么我的支票在哪里？相反，阿斯托尔的故事展示的，乃是所谓"聚光灯效应"的一种高风险电视转播版本。

你有没有读过什么改变了你对生活的看法以及生活方式的东西？我希望你读过，我希望那是一本小说中的段落，或者一篇古代哲学文献，或者是一则出自《圣经》的宗教故事。我在所有这些文字中发现过深刻的洞见，但在几年前，我因一篇有点儿古怪的文章也有所感悟：一篇于 2000 年发表在《个性与社会心理学杂志》（*Journal of Personality and Social Psychology*）上的文章。对于自我意识过度强烈的人来说，那是一篇令人感到安慰的读物。耶鲁大学的心理学家保罗·布鲁姆在 2015 年为《大西洋》（*Atlantic*）月刊撰写关于这项研究的文章时提出了同样的观点，并且指出，这项研究提出的想法可能会改变你的生活。他没说错。

本文的核心实验很简单也很有趣。由康奈尔大学的托马斯·吉洛维奇（Thomas Gilovich）领导的研究人员在志愿者中选出了几个倒霉蛋，让他们体验尴尬——一开始，研究人员故意告诉他们错误的研究开始的时间，确保他们比其他人晚 5 分钟到达。在他们迟到之后，研究人员会坚持要求志愿者换上一件难看的超大 T恤，上面印着巴瑞·曼尼洛的巨幅大头照。（说句题外话：曼尼洛在尴尬心理学研究中经常露面。研究人员即便不会让志愿者穿上一件印着他的脸的 T 恤，也会让他们在一群面无表情的观众面前唱他的歌——"在科帕！科帕卡巴纳！"）换好衣服后，被随机选定的迟到者会被送进一间教室，此时，其余的研究参与者已经聚在那里了——然而，甚至还没等这个可怜的人坐下，研究人员又会过来插话。他们说，经过进一步考虑，该组其他成员的研究进度已经遥遥领先。事实上，那个身上有一张曼尼洛的脸的人最好离开房间，参加一场一对一的私人研究。

你肯定想象得到，这时候这个人到底有多么困惑。但当他转身离开房间之后，又在走廊里遇到了另一名研究人员。他提出了一系列问题，据称是为了测试受试者的短期记忆，但实际上研究人员只对一个问题的答案感兴趣：这名志愿者认为房间里有多少人注意到了他身上那件傻乎乎的 T 恤？也就是说，房间里能说出印在 T 恤上的那张脸是哪位名人的人有多少？

大部分受试者猜测，大概有一半的人会记得。实际上，只有大约 1/4 的人记住了这件曼尼洛 T 恤。换句话说，受试者猜测的比例过高了。确实，有些人真的记住了那件令人尴尬的 T 恤，但并没有受试者估计的那么多。吉洛维奇和他的同事们称这种认知偏差为"聚光灯效应"（spotlight effect）：我们倾向于高估其他人对我们的行为或外表的关注程度。对于那些与自我意识作斗争的人来说，这是一个非常令人乐于接受的想法。毕竟，曼尼洛 T 恤的亮点在于，它是一件穿在身上会非常奇怪而引人注目的东西——如果我那个十几岁的酷表妹知道曼尼洛是谁的话，她可能会说那件 T 恤很尴尬。

但是，如果我们故意为之的尴尬事件都很少有人注意到，那么当我们做了一些意料之外的尴尬事情时，我们又何必假定别人会注意到甚至关心这件事呢？别担心你衬衫上的咖啡渍、你在第一次约会时说出的傻话或是你那套完全放飞自我的幻灯片了。关注你那些小缺点的人没你想象的那么多。

关于曼尼洛 T 恤的研究，还有另外一件有趣的事情值得一提：即使这件 T 恤没有被故意做得古怪可笑，实验结果也是一样的。在这个实验的另一个版本中，研究人员向迟到者提供了一件印着鲍勃·马利脸孔的 T 恤——在实验之前，一组大学生评定，在 T 恤上印这个人的脸是可被接受的。在这个实验中，受试者也大大高估了其他人对他们衣着的关注。任何一个曾经兴奋地顶着新发型去上班、期待恭维却没能如愿的人，都可以证实这个实验结果听起来是多么靠谱。这一切都让人想起那句老生常谈的名言："如果你意识到别人想到你的次数是多么少，你就不会太担心他们对你的看法了。"

不过吉洛维奇对我说，有时对这项研究的重述似乎将其结果简化成了一种肤浅的社会虚无主义：什么都不重要！想干什么就干什么吧！反正没人注意！或者说，就像没人在看那样起舞吧，因为确实没人在看！然而，这种对聚光灯效应的理解总是让我有点儿困惑。我如何才能令这种解释与我觉得自己对周围的人极其关注这一事实相谐不悖呢？就在前几天，我走在一对少年情侣身后。男孩抓着女孩的胳膊——事实上，他抓住了她的肘部。他的手放在那里，导致她的前臂在她面前弯曲成一个看起来不舒服的负 45 度角。他们就那样走了半个街区。但是，女孩做出了一个对如此年轻的人来说相当优雅的动作——她轻轻地伸直了手臂。男孩明白了：他放开了她的肘部，握住了她的手。他们在下一个街区左转，而我继续往家走去。

他们一直没看到我这个从后面看着他们、追忆着自己青葱岁月里第一段笨拙恋爱的怪人（他第一次搂我的时候，我们正坐在他家的沙发上用 DVD 看《拜见岳父大人》，他用胳膊肘捣了我的头）。

某些发表于 2017 年初的较新的研究为聚光灯效应现象增添了一些精妙之处。这些由埃里卡·J. 布斯比（Erica J. Boothby）——她以耶鲁大学心理学专业研究生的身份开展了这些研究——领导的研究人员不甘落于人后，和吉洛维奇及其同事一样，他们也为社会互动中令他们感兴趣的现象创造了自己的鲜活术语："隐形斗篷错觉"（invisibility cloak illusion）。他们用这个词表示大多数人在公共场合做着夺人耳目的事情，却认为没有人会注意到他们的那种矛盾想法。"这是一种错觉，令你意识不到，无论你在飞机上、在餐馆里，还是在牛仔竞技场里，当你不再看别人……当你把注意力转移到你正在做的任何事情上时——周围的人很可能会放下他们自己手头上的事，抬起眼睛看着你。"布斯比和她的同事写道。

我经常密切观察别人，但我从未想到别人可能也会在我的日常生活中看着我。如果我在通勤途中观察人们，那不就意味着其他人也在对我做着同样的事情吗？为什么我有时会认为自己在生活中是个小透明，而有时候又觉得所有的目光都集中在我身上？换句话说，我应该如何调和自己身上的聚光灯效应与隐形斗篷错觉？

布斯比和她的同事试图在一系列实验中回答所有这些问题，他们把实验结果发表在了《个性与社会心理学杂志》上。在一项研究中，他们要求志愿者（每次两个）去社会心理实验室报到，等他们到达指定地点，再告知他们实验人员迟到了。参与者得知，他们可以在等待期间随意做自己想做的事情：阅读报纸、摆弄手机，或者只是盯着空气发呆，无论他们想做什么都可以。5分钟后，一位实验人员带着歉意出现了，并将每个人分别带进单独的房间，这样实验就可以开始了。

然而，实际上等候室才是真正的实验室。在独处的房间里，每个人都会收到一份调查问卷。他们得回答自己对等候室里的同伴还记得多少的问题，还被要求评估自己对另一个人的观察有多细致，以及他们认为对方对自己的观察有多么细致。布斯比在《纽约时报》的一篇专栏文章中这样介绍她的研究："虽然人们偷偷地留意着别人身上的各种细节——衣着、个性、情绪——但我们发现，人们总是确信对方并不会过多地关注他们，甚至可能完全没有注意到他们。"

有时候你会觉得自己是众人关注的焦点，有时候你会只关心自己的事情，在认定不会有人注意到你的情况下怡然自得。问题在于，你认为其他人都关注着你所关注的事情。然而，通常他们并不是这样。

聚光灯效应和隐形斗篷错觉都可以用被心理学研究人员称为"锚定和调整"（anchoring and adjustment）的原则来解释。为了填补你与其他人思想上的"无法逾越的鸿沟"，以你自己的头脑作为出发点是合情合理的，这就是"锚定"部分。从那里开始，你做出了调整：你试图改变自己的观点，通过别人的眼睛看世界是什么样子。而问题是，无论是研究，还是我过去的经历都一次又一次地表明，你的调整往往不够。

这种事情已经在实验室里得到了证实。威廉姆斯学院的心理学家肯尼斯·萨维斯基（Kenneth Savitsky）在他当年的博士论文中写到，他让自己的研究对象准备并发表演讲。这项任务总会让人有点儿望而生畏。许多研究参与者都很紧张，而且他们认为观众会注意到他们的紧张情绪。其实观众没有——或者至少没有达到演讲者自认为的程度。

在另一个相关实验中（这是一个特别奇怪的实验），研究人员要求学生们依次独自进入实验室，并坐在一张桌子旁边。桌面上摆着 15 个完全相同的杯子，每个杯子里都盛有一种神秘的红色液体：10 个杯子装满了樱桃口味的饮料，而另外 5 个杯子装满了"水、红色食用色素和浸泡腌制葡萄叶用的醋盐水溶液"的可疑混合物。嗯……学生们被要求每一杯都抿一小口，他们得到了保证，虽然这些杯子里的液体味道不同，但都是无害的。整个过程都被拍摄了下来。经过味觉测试，学生们被告知会有另外一组学生仅仅通过观察品尝者的表情，猜测哪些杯子里盛的是盐溶液，哪些杯子里盛的是普通饮料。这组人被要求猜测那 10 位观察者中究竟有多少人能猜对。平均而言，他们认为有 5 位观察者能得出正确答案。

结果显示，研究参与者总是高估能正确地解读他们脸上的表情的人数。研究人员推测，这是因为他们无法区分他们对自己的了解，以及他人通过对他们的观察实际能得到的信息。"参与者知道自己尝到的液体好喝还是不好喝，而他们在评估观察者可能获得的信息时可能难以摆脱这一认知的困扰。"研究作者指出。

心理学家称这种现象为"透明度错觉"（illusion of transparency）：因为我们感受到的情感是那么强烈，以至于我们希望其他人能够在我们的脸上读到它。可大多数时候，这种事根本不会发生。你可以称之为"自我认知的诅咒"。

想想看，你最熟悉的主题是什么？对于你的心灵和头脑来说，即便不是最亲近的，但也是最接近的事物是什么？就是你啊。你的一生都在研究你自己。关于你，你是世界顶尖的专家。你对自己了如指掌，以至于你忍不住期待别人看待你的方式能和你看待自己的方式一样，这也是"无法逾越的鸿沟"会如此令人震惊的另一个原因。如果你因为穿着一件印有巴瑞·曼尼洛的脸的巨大 T 恤而感到尴尬，那你就很难走出那种感觉，走进房间里其他人的头脑中。如果你在演讲时感到紧张，你就会想象别人能在你脸上看出来。你想象其他人会注意到你的尴尬，因为这一刻对你来说很特别，所以对他们而言也会很特别。

想想其他学科的专业知识能让你做到些什么吧。芝加哥大学的心理学家尼古拉斯·埃普利（Nicholas Epley）在 2015 年接受《鹦鹉螺》（*Nautilus*）杂志的采访时说："比方说，你是物理学家，你就可以注意到其他人都无法注意到的各种小细节。如果你是数学家，看到一个公式，你就能从中看出新手意识不到的各种复杂变形。对你自己也是如此。你是你自己的专家——回想一下昨天的自己，你知道出门前精心打扮的自己和刚睡醒邋遢的自己有多么不同。你对自己的事了如指掌……你对自己可以给出专家级的判断。"

看在僵在《创智赢家》舞台上的阿斯托尔的分儿上，我真希望我们在这里能得出"没有人注意到他搞砸了"的结论。视频网站上的25万次浏览记录证明这是错误的。人们当然会注意到你，尤其是当你站在真正的聚光灯下时。在2013年奥斯卡金像奖的颁奖典礼上，演员詹妮弗·劳伦斯在上台领取属于她的最佳女主角奖杯时，被绊倒在了台阶上，那时人们肯定注意到了。回想一下我在第四章中提到的我在职场菜鸟阶段参与的那些充满尴尬的会议，我现在明白了，我内心的动荡未必总能引起别人的注意。不过，有几次我知道别人确实看出来了。其中一次，我的整个上半身都红了——不仅是我的脸，还有我的脖子和手臂。那天，我职场上最好的朋友卡丽莎坐在我旁边。我发言结束后，她伸手将食指压在我的前臂上，就像检查晒伤有多严重一样。我俩看着她手指下面的皮肤颜色变浅了一分钟，然后迅速恢复成粉红色。

但对自我意识过度强烈的人来说，这里还有一个好消息：即便人们确实看到了你的蠢行，他们对你的批判也不会像你想象中的那样严厉。

后来的一篇同样以吉洛维奇为第一作者的论文详述了后续的一系列实验。这些实验将其应用于另一个日常尴尬的领域：糟糕头发日。在一个学期内，一位实验者随机选择5天参加康奈尔大学的心理学研讨会，并向学生们发出调查问卷，要求他们评价其他同学当天的外貌与他们在典型教学日的外貌相比有何不同。此外，他们还需要对自己的外貌做出同样的对比评价——不过，他们需要尝试从其他同学的视角来评价。在这里，吉洛维奇和他的共同作者再次发现了聚光灯效应存在的证据：学生们看到了自己的缺陷，并认为他们的同学会对他们做出与之相应的评价。然而，他们对同学的评价在 5 次研讨会中都保持一致。"对自己来说那么明显而难缠的瑕疵和缺陷往往不会被他人注意到，除非对方是那种最细心的观察者。"吉洛维奇和他的同事写道。大多数人都在忙着关注自己的缺陷和瑕疵。

我在与吉洛维奇对话时了解到，对聚光灯效应的研究灵感来自他对遗憾的研究。你知道人们喜欢发布在社交网站上的那句名言吗？"二十年后，相比那些你做过的事情，你没做过的事情会更让你失望。"人们总是误认为这句话出自马克·吐温，但其实是出自小杰克逊·布朗 1991 年的回忆录《对了，我爱你：妈妈写信的时候，总把最美的话留在最后》(*P.S. I Love You: When Mom Wrote, She Always Saved the Best for Last*)。这是布朗的母亲用来鼓励他的一句话，不过这句话说得倒是很对。根据吉洛维奇等人的研究，人们确实倾向于后悔没做某事，而不是做了某事。反对采取行动的决定通常是出于对社会后果的恐惧：如果你站在台上发言，如果你是先说"我爱你"的那个人，人们会怎么说？人们会怎么想？"如果一个人关心的问题是这个，也就是说，他关心这件事在别人看来是什么样，那么他就需要考虑这样一个因素——你猜怎么着？——注意到这些事的人可能根本就比你想象的少得多。"吉洛维奇告诉我。

只管去做那件让你放不下的尴尬事情吧，哪怕只是为了自己以后不会后悔没去这么做。

☰☰☰

我最初发现阿斯托尔参加《创智赢家》的那段视频是在一个网络论坛上。最近我花了不少时间逛这个论坛，它的主题是令人尴尬、难堪的时刻，我迷上了它。初春时节，我开始定期访问它的页面，当时它还展示着一条标语，写着"生厌快乐"（Merry Cringemas）。"cringemas"显然是个同时与圣诞节和论坛主题相关的生造词，是用表示"感到尴尬"的"cringe"，加上"圣诞"（Christmas）的词尾"-mas"拼凑起来的单词，读起来倒是和"Christmas"差不多。我觉得他们是故意留着它，来增加那种让人尴尬的感觉。在关于阿斯托尔的那段视频下的第一条评论中，我发现了霍华德·斯特恩对马克·库班的采访。这位亿万富翁投资者称赞了阿斯托尔。更下面还有人说："这主意看起来不错，这哥们儿的脑子僵得有理有据（我们大多数人都会这样'尬捧'）。"虽然并不是每一条评论都这么真诚，但大多数都是如此，而且其中没有一条是彻头彻尾地不留情面、肆意嘲弄。

阿斯托尔告诉我，在2012年3月，他参与的那期节目播出当晚，他接到了很多老朋友的电话，那些人都在电视上看到了他，但他们中的许多人看到的不尽如此。当阿斯托尔在全国的网络电视上尴尬地结结巴巴时，他们在他身上看到了自己的样子。

"那晚节目播出后，好多人打电话给我说，'哦，我在电视上看到你了，我只想说你表现得很好——我这一辈子都在对付口吃问题'，或者'我也讨厌当众演讲'。"阿斯托尔说。这些都不是对当时那种情况的准确解读。让自己穿上别人的鞋子这件事的有趣之处在于，穿着鞋子的人仍然是你。以别人的角度进行观察时，你仍然将自己的情感和经验当作背景信息。不过，他说，他们的话在一定程度上还是会让人放心。"这些人真的都非常同情我。"我们这么多人浪费了这么多时间来担心其他人会怎么看待我们，但事实上，他们多半根本不会想到我们。

即便想了，他们想的应该也是如何在我们身上看到他们自己。

06

尬在你身，痛在我心

吉姆现年 32 岁，在他那张上传到交友软件上的资料照片中，他站在一家杂货店的农产品区中间咧嘴笑着，手里拿着一个菠萝。看起来他对自己和那个菠萝都很满意。说实话，那模样……并不怎么好看，不过我又知道什么呢——如果采用查看社交软件资料照片的正确方式，也就是在智能手机的小屏幕上看这张照片的话，说不定它还不错呢。

但是呢，哦，可怜的吉姆。我眼前这张他的资料照片可是超大版本，被展示在一块 5 英尺高的投影仪屏幕上，供布鲁克林一家剧院里喧闹的观众尽情观赏取乐。我在后面的吧台旁边，那里没有座位，只能站着。我周围的人都在喝酒、大笑、聊天，只有一半人在听台上那个金发女郎说话。她的手机连接到了投影仪上，展示着吉姆和他的菠萝。

"我就想知道，这张照片是谁拍的？"她问道。她叫莱恩·摩尔（Lane Moore），是纽约市一名脱口秀主持人、作家、音乐家兼演员。她有一些令人瞩目的成绩，包括在《衰姐们》（Girls）第五季中做了一次令人难忘的客串，但今晚我参与的这个节目可能是到目前为止她最有名气的演出或作品，至少在这座城市里是挺有名的。《交友直播》（Tinder Live）是一档每月一期的喜剧节目，其内容简单而精彩：摩尔会在舞台上当众使用交友软件。观众们在充满醉意的呼喊声中达成共识，决定哪些人会被摩尔淘汰，哪些人会被她保留，提出互相深入了解的意向。

她一边操作，一边不停地解说，还有一组喜剧演员在旁边给她帮腔。今晚的小组成员之一是丹尼·坦贝雷利，他曾是一名儿童演员，像我这样年纪较大的"千禧一代"还会记得，20 世纪 90 年代，他在尼克国际儿童频道的《皮特和皮特历险记》中扮演小皮特。在回答摩尔的问题时，他想象着那位看不见的摄影师可能对吉姆说了些什么。

"这张照片能带给你走不完的桃花运，兄弟。"坦贝雷利说。他故意模仿着那种听起来像是喜欢健身的猛男的声音，那种会令人作呕地推介生酮饮食的优点的声音。

"是啊，伙计。"摩尔同样拿腔拿调地接着说。她开始用装出来的粗嗓子列举这张照片的优点："它展示出了景深，"她说，"它还展示出了……水果。"列举到此结束，人群爆发出大笑。

本周早些时候，我在《纽约时报》上读到了一篇关于摩尔和《交友直播》的报道。里面说这出喜剧"别出心裁"，并称赞摩尔的表演是尴尬喜剧的典范。我在第一章中说过，我对研究"尴尬学"产生兴趣的很大一部分原因是，没有其他人在研究这东西，或者至少没有人按照我理解的方式研究。但我也不断地证明着，我不是唯一被这种感觉的各种方面吸引的人：我在《窘迫》里找到了它，我在 W. 卡莫·贝尔身上找到了它，现在我想我又找到了它——就在布鲁克林这场被《纽约时报》认可的表演中。

我喝掉剩下的酒，把杯子扔在一边，盯着吉姆的脸。我不认识这个人，但我认为他是这么想的：当一位女士在交友软件里面翻看了那么多千篇一律的男人照片之后，这张照片古灵精怪的风格便会吸引她的目光。菠萝，嗯？好独特！

我最近帮一位年纪较大的朋友重做了他的简历，他对我深信不疑。我的建议之一是，在简历顶部放一张他自己的照片。那不是一张专业的肖像照，却是一张他最近才拍摄的照片，照片很漂亮，摄于夏威夷。照片上的他双眼炯炯有神，看起来非常开心，脸庞轮廓被可爱的木槿花映衬着。我认为这张照片可能会吸引一位忙碌的招聘人员或者人力资源代表的目光，助他在众多应聘者中脱颖而出。

此时此刻，吉姆令我质疑这个决定，尤其是照片中艳粉色的木槿花部分。这是个糟糕的建议吗？会不会因为我，我的朋友已经在某家公司内部举办的山寨版摩尔秀——比如"领英直播"——上亮了相？！我开始认为，我周围那些花了钱却又不认真看表演、嘴也不肯闲着的人是有点儿想法的，因为长时间盯着吉姆的照片让我的身体感受到了某种疼痛。我从来没有用过这款交友软件，但我仍然在为吉姆，也许是为我的朋友，也可能是为我自己感到尴尬。我的脸颊火辣辣的，我的内脏都在翻搅，那感觉就像是被展示在眼前那块屏幕上的人是我自己，带着一脸傻乎乎的笑容，炫耀着一枚热带水果。

我决定再去吧台喝一杯，主要是为了分散自己的注意力，因为我开始感到有点儿恶心了。从我记事起，这种特殊的尴尬感就一直困扰着我：我很容易替其他人感到极度的尴尬，而那些人甚至都不知道自己在尴尬，而有些人我甚至从未见过。2013 年，在全国广播公司播放了《音乐之声》的那晚，我的推特首页上充斥着看热闹和发牢骚的人。我试着融入他们，但当插曲《我最喜欢的东西》才唱完开头的几个小节，我就关掉了它，我受不了了。2016 年初，我也有过类似的感觉。当时一段关于杰布·布什的视频在网上流传，视频中的他在新罕布什尔州的某个市政厅向沉默的人群乞求："请鼓掌。"

摩尔的声音打断了我飘飞的思绪，因为她要求人群发表对吉姆的评价。的确，比起台上的节目，我身边的人似乎对彼此更感兴趣，但那些设法坐到了离舞台更近的位置上的人显然都被摩尔颇具新意的互动形式吸引住了。纵观整晚，一种模式浮现出来：人们倾向于拒绝无趣的个人资料照片，更喜欢特别荒谬或者令人尴尬的那种——要是以后还能拿来找点儿乐子就更好了，如果摩尔能顺利跟人家匹配上的话。

"拒绝还是保留，伙计们？"摩尔向人们征询该如何对待吉姆。

"保留！"他们高声回道。

我啜了一小口手中那杯平庸的黑皮诺葡萄酒，一如之前的无数次，开始想象这种情绪盘旋在我的身体和大脑中究竟意义何在，以及我到底是不是和前面欢乐的人群有着同样的感觉。如果这种感觉让我想蜷缩起来死去，那么为什么这里的其他人看起来倒像是被它激励得活力四射？

原来，大西洋彼岸的两位神经科学家曾对几乎完全相同的问题感到好奇。

🐱🐱🐱

几年前，德国吕贝克大学社会神经科学实验室的索伦·克拉奇（Sören Krach）和弗雷德·保卢斯（Frieder Paulus）正在看一个人做报告。他们告诉我，那个人在吹嘘自己和自己的工作，透过其言行，克拉奇和保卢斯看得明明白白，他并不知道自己听起来有多烦人（这又是第一章中提到的令人讨厌的"无法逾越的鸿沟"）。他说话时，他们在座位上显得局促不安。"我一直对尴尬的事情非常敏感。"克拉奇告诉我，但这次他并不是为自己感到尴尬。他们都想知道，产生这种感觉到底是怎么回事？

在我研究"尴尬学"的早期，我给克拉奇发了电子邮件，因为他是某篇我最喜欢的心理学论文的主要作者。那是他和保卢斯以及其他一些人共同撰写的论文。我太喜欢那篇论文了，乃至窃取了它的题目作为本章的标题：《你的缺点就是我的痛苦》（*Your Flaws Are My Pain*）。据我所知，他和保卢斯是世界上仅有的两个和我一样痴迷于"是什么让人们感到尴尬"这个问题的科学家。

我联系了克拉奇,向他索要一份他最新的关于尴尬的论文,这是一封那种科学记者在任何一周都能发送数十封的例行电子邮件。我关注他和保卢斯已经有一段时间了,但我为自己请求对他进行采访而感到羞怯。我有时会对自己最喜欢的研究人员产生一种追星似的心态,因此,当克拉奇回信说他们也一直在关注我时,我感到很惊讶,而且受宠若惊。

嗨,梅丽莎:

很有趣,我的同事(弗雷德·保卢斯)和我最近刚刚试图与你取得联系。我们读过你以前的文章,一直很激动!

在我们开始了长达数月的电子邮件通信之后,我很快意识到,克拉奇和保卢斯是我在"尴尬学"研究领域又找到的两个知音。

最终我们决定,我应该前往吕贝克参观他们的实验室,这个风景如画的小镇离柏林只有两个小时的火车车程。安德鲁和我放弃了美国的感恩节,在那个周四乘飞机前往德国。几天后,我们在柏林的一家酒吧里见到了克拉奇和保卢斯,在那里,我们交流了各自的生活和工作,以及我们共同痴迷的事情。待在能够理解你的人身边是一种令人激动的体验,因为这种事一般都很孤独。"我想并没有什么尴尬的活动可参加。"有时候我一抱怨这个,人们就会这么说,通常还会加上一句"嗯,不还有漫展吗!"之类的话,就好像是他们最先发明了这个笑话似的(害羞宅人参加科幻大会,你懂的)。

但是在那个感恩节周末的晚上，在那家酒吧里，我真的觉得自己来到了一个私人的漫展，仿佛我和克拉奇还有保卢斯都把自己扮成了同一个籍籍无名的漫画人物，我们显然是同道中人。

与此同时，安德鲁也和大家聊得很愉快，但并不像我们讨论"尴尬学"更为神秘的那些方面时那样兴奋。"我很高兴你们找到了对方。"他后来说。

在我们喝第一轮的过程中，克拉奇向我描述了在他心中"Fremdscham"状态到达极致时是怎样的。Fremdscham 是一个德语单词，大概对应的是英语里的 cringe，至少按照我的理解是这样——Fremdscham 的意思是替别人感到羞耻、尴尬，或者是因为自己的行为而让别人感到尴尬。克拉奇一边挥动双手，一边描述他眼中的个人噩梦——某个人要开着某种浮夸的车来这家休闲酒吧。"比如开着法拉利。"他说。"糟了，找不到停车位了！最好在这一片再兜几圈。"克拉奇替想象中的司机这么想着，"这样，人人都有机会看到我、欣赏我！"克拉奇说："这是对围观群众的误解。"借用序章中提到的社会生活中的戏剧理论说法，你正在为观众扮演着一个错误的角色。

这位想象中的法拉利车主不明白，酒吧里没有人觉得他的豪车有多了不起。相反，顾客都觉得这辆法拉利证明了他有多滑稽。我再说一次，以上都是假设的，是用来说明观点的虚构场景。然而，即便如此，仅仅是描述这个场景就已经能让克拉奇胃绞痛了——就像几年前他看到那个做报告的人发表毫不自知的演讲时那样。像我一样，克拉奇和保卢斯也想知道：产生这种感觉到底是怎么回事？

然而，与我不同的是，克拉奇和保卢斯有一台功能性磁共振成像仪可以使用。他们在观看那场尴尬的演示时所体验的窘迫感成了我喜爱的那篇论文的灵感，该论文于 2011 年发表在了《公共科学图书馆·综合》（*PLOS ONE*）期刊上。

　　这篇文章描述了一个实验。在这个实验中，他们要求人们阅读一些小场景或者看几张草图，这些材料表现的主题全都是某人做了些会让自己尴尬的事情。在其中一个场景中，某人在没有意识到自己的裤子拉链没有拉上的情况下来回走动。而另一个场景描述了某人就那么漫不经心地穿着印有"我很性感"字样的 T 恤。在结束了拜访克拉奇和保卢斯的旅行，回到家很久之后，我重读了这篇论文，注意到另一个沾满了克拉奇的"指纹"的场景：某人发表的演讲突然变成了"毫不节制的自吹自擂"。在学术心理学界还有一个小笑话：大多数研究都是对自我的探索。

　　在阅读这些场景或者草图的时候，这些受试者得待在功能性磁共振成像仪中，让这台机器扫描他们的大脑活动，这样克拉奇、保卢斯以及他们的同事就能一窥究竟。结果显示，受试者们的前扣带回皮层和左前岛叶的活动增加，根据神经科学的其他研究，这两个结构可能与疼痛处理有关。但是这些大脑区域不仅仅与一个人自身的疼痛相关联，当你感受到别人的痛苦时，它们也会变得活跃。因此，无论第一手还是第二手，你经历的社交痛楚都有可能被大脑解读为这至少有点儿像身体疼痛。如果这是真的，那么当我们看到别人让自己难堪时，我们就有充分的理由说"那太痛苦了"。

　　只是为了好玩，在我参观那间位于吕贝克的实验室时，克拉奇和保卢斯让我做了一个最初版本的尴尬实验。我躺在功能性磁共振成像仪中，读着屏幕上闪现的一些对经典尴尬时刻的简短描述。不过它们其实没有对我造成太大的影响，这无疑是因为它们都出自我自己。我确实曾经尝试在里面列入我最惧怕的事件：看到某人走出洗手间，而她却没有意识到自己的裙子被塞进了裤袜里；在地铁上碰见了你的老板，却不知道是该打招呼还是彼此无视；那次早午餐时，我的朋友不经意地叫她男朋友"爸爸"。不过，当时我已经研究"尴尬学"很久了，自认为已经对它产生了一种免疫力。我读到的每件事似乎都很有趣，并不会让我尴尬。

后来，我待在功能性磁共振成像仪里，保卢斯和一个实验室助理轮流制造出可怕的声音——叉子刮盘子的声音、手指甲挠黑板的声音，还有叉子刮黑板的声音——伴随着用毛绒玩具刷黑板或者用抹布轻轻地擦拭盘子这类相对舒缓的声音。这是为了模拟某种令人不愉快但又不会造成身体痛苦的感受。这种体验很有趣，但在我的个性化实验中，我最大的感受是，身在功能性磁共振成像仪中本身就是一种难以置信的尴尬经历。躺在里面的时候，我突然想到，这些优秀的科学家正在看着我的大脑，看着我身体中一个连我自己都从来没见过的部分。万一当我在这台仪器里面的时候，我大脑里面与性唤起相关的部分"亮起来"了，该怎么办？

在最初的实验中，除了扫描大脑外，所有的研究参与者还进行了一项名为"E-scale"的调查。问题共有25道，旨在衡量一个人的同理心。受试者接到的指示是，评估自己对"我在一群人中看到一个孤独的人会感到难过"或者"有时候我尝试通过朋友的观点看待事物，以便自己更好地了解他们"这样的陈述认可的程度。在同理心方面得分最高的人在看到令人尴尬的图像或故事时，他们大脑中的特定区域往往也最活跃。

通过研究，克拉奇和保卢斯已经开始将尴尬理解为一种移情反应，一种将别人的难堪时刻当成发生在自己身上的感受方式。我第一次读这篇文章时颇为得意。显而易见，我对《交友直播》之类的东西情绪反应有多强烈，就反映了我的品格有多么纯良。你要知道，这可是科学啊。反正这就是我们长期以来定义的同理心，差不多就是同情心的同义词。然而，同理心和对他人的关怀并不能看作同义词，不一定是。在我访问期间，克拉奇和保卢斯后来带着一点儿恼怒对我说，同理心未必总是好事，也未必总是坏事。它可以成为一条通往同情心的途径，但理解别人的感受也可能导致更黑暗的情感，比如更像是蔑视。我的新神经科学家朋友告诉我，共情本身就是健康的大脑自动做出的事情，目的是帮助我们更好地与他人交往。就其本身而言，它只是一个认知过程。

重要的是你怎么利用它。

🐱🐱🐱

几个月后，在布鲁克林，《交友直播》的工作人员将目标转移到了一个 27 岁的名叫开曼的人身上。他的照片一出现在投影屏幕上，不用摩尔或者其他任何小组成员说什么，观众便爆发出一阵大笑，并表现出嘲讽。在一片看起来像是湖的地方，开曼站在齐腰深的水里，向一边歪着身子，好像正在打排球。他赤着上身，穿着泳裤，这种搭配凸显了他的……如果他是个女人，我会说曲线。我不知道针对男人的委婉说法是什么。摩尔不太在意礼貌用语。

"那是一个屁股！"她惊呼道，"那是一个屁——股！"

"跟屁股聊聊！跟屁股聊聊！"第三个小组成员喊道。她也是纽约的一位喜剧演员，名叫雅尼娜·布里托。

"我说，好吧。"过了一会儿，摩尔说，"显然该保留他，对吗？"

"对！"观众同意了，结果你猜怎么着？他们互相匹配了。摩尔开始给开曼发信息。"你应该知道，我平时还算是挺优雅矜持的，但你的屁股真是太棒了。"她写道。

那一夜就是这样度过的：调出一份用户资料，花几分钟时间在背后嘲笑那个家伙，选择淘汰他或者保留他，然后，如果和他匹配上了，就当面嘲笑他（或者至少是当着他在交友软件上的化身的面嘲笑他）。经过与克拉奇和保卢斯的长谈，我意识到，这样做让我感到困扰，是因为我对这些人产生了共情。但我想你也可以说，房间里的其他人也一样，因为这件事情的笑点就是，领悟开曼在收到像"但你的屁股真是太棒了"那样的信息时会有多困惑——理解他的感受当然也是因为共情。

一些心理学家通过将共情的概念分成两部分来解释这种差异：一部分是认知共情，意思是认识并理解他人的感受，但与这些感受保持距离。换句话说，你可以想象一个人可能会体验到什么，但是你不会让它进入你的内心，这样你自己就感受不到这种情感。另一部分是情感共情，或者称其为同情性共情，而这一种才是我们通常用这个词表达的意思：理解别人的体验，并把他们可能的感受内在化。你能感受到他们的感受。

这两部分概念谈不上孰优孰劣。尤其是对护士和其他医疗从业者来说，认知共情对于防止"同情疲劳"而言至关重要，这种疲劳就来自对患者情绪的不断内化。最近的一些证据表明，如果医护人员将情感共情转化为认知共情，在理解患者情感需求的同时，与患者保持一定距离，可能会降低自身的倦怠率，并提升幸福感。

不过有时候，认知共情也会现出黑暗的一面。最近的一项研究测试了在"互联网寻衅"（Internet trolls）这一语境中，这两种共情概念分支之间的差异，结果发现，互联网寻衅者在认知共情方面的得分往往高于情感共情方面的。事实上，可能正因如此，他们才知道如何才能如此刻薄——他们可以猜测对方的感受，并据此策划抨击。

没错，你不可能一天到晚敞开心扉走来走去，你的感受会受到周围每个人的感受的影响。你必须知道在什么时候使用哪种共情方式。现在值得回忆一下第二章提到的情绪建构理论：情绪并不是发生在你身上的事情，而是你的大脑创造出来的产物。这意味着，你对自己的感觉有某种代理作用。我的直觉是，在《交友直播》中，我周围的人在利用他们的认知共情时会觉得不安，也许这种情感会以某种更不屑一顾的形式表达出来，比如蔑视。

不过，最近我一直在尝试尽可能地选择使用情感共情的方式：

我知道你的感受，因为我就是你，或者至少我能在你身上看到我自己的影子。当然，在与自己存在某种联系的人身上使用这种共情方式更容易，克拉奇和保卢斯在 2011 年那篇论文的后续研究中证实了这一点：你和一个人关系越亲密，你对其尴尬的共情反应越强烈。这就是为什么夫妻很可能替对方感到尴尬，或者为什么家人的怪异行为，尤其是在公共场合，向来都能让你抬不起头。他们是你的一部分，你已经把他们融入了你的自我概念。然后，这些人走出门去，在大庭广众之下做着天知道是什么意思的事情，让你因为彼此之间的联系而尴尬。

当我在资讯网站上读到海莉·费兰于 2017 年发表的文章《当你爱你的朋友，但讨厌她在社交媒体上的样子》时，便想到了他们的这个发现——那篇论文的标题是《当你的朋友让你难堪》（*When Your Friends Make You Cringe*）。在那篇文章中，费兰说她被一位新朋友的线上人格弄得很不自在。那位朋友发起状态来"一天好几次，越来越过分地和她的男朋友摆出恶心的姿势，就好像在摆拍浪漫喜剧电影的海报：笑着在门廊上吃冰激凌，牵着手过桥，跑步后偷吻。很快，他们有了自己的话题标签，里面含有'爱人'这个词"。

可是，因为关联而令你尴尬的可能不会只有一个照片墙重度用户喜欢的庸俗标签。你的整个国家都有可能让你难堪。长期以来，澳大利亚人一直生活在"文化尴尬"（cultural cringe）的折磨中，这是澳大利亚作家兼评论家 A. A. 菲利普在 1950 年的一篇文章中创造的术语，被他用来描述当时许多澳大利亚人在将本国艺术成就与英国这样的大国进行比较时体会到的尴尬。到 20 世纪下半叶，这个术语开始更多地被用来描述澳大利亚流行文化的出口一直比不上美国那些更酷的电视节目、电影和流行明星的现象。"所以，每次我们看到澳大利亚的电影、电视、音乐、艺术、颁奖典礼、俚语、食物和时尚时，都会抬不起头来。"澳大利亚作家詹娜·纪尧姆在她最近为嗡嗡喂撰写的一篇文章中写道，"更确切地说，当我们因为把它们当作'不入流的东西'（不流行的、粗俗的、不成熟的）而排斥它们的表面价值，选择不去看它们，完全避开它们的时候，我们都会抬不起头来。这种根深蒂固的尴尬摧毁了我们的文化。"

当我在 2017 年那个上下颠倒的世界里写下这些文字的时候，我们美国人正在经历自己的文化尴尬，不过是因为政治，而不是流行文化。那年 2 月，在特朗普上台仅仅几周后，《纽约客》发表了一篇题为《特朗普总统的尴尬》的文章；几周前，《名利场》（Vanity Fair）杂志称特朗普保住自家生意的计划为"国家尴尬"（national embarrassment）；5 月，《粘贴》（Paste）杂志发表了一篇题为《特朗普在北约一天之内的八个最尴尬的时刻》的清单体文章；而《国家》（the Nation）杂志用特朗普的同一次出访来论证"老大在国际出访中给我们造成的尴尬非同小可"。有这种感觉的不仅仅是这些文章的作者，麦克拉齐报业公司和玛丽斯特学院在 2017 年初发布的一项民意调查显示，近 60% 的受访者表示他们因自己的总统感到"难堪"，相比之下，33% 的受访者称自己因此感到自豪。

我无法预测，等到这本书被你拿在手中时，美国会变成什么样子。我这是在过去向你问好。我身处一个奇怪的年代。现在拿着书的你身边的情况如何了？容我简短地介绍一下 2017 年：现在的话题都是关于这个国家的分裂程度。如果我们打算将这件事从情感方面进行细化，就像在第二章中讨论的那样，那么我可能会选择用近乎蔑视的情绪来描述整个国家的环境，就像我从《交友直播》的现场观众中得到的感觉一样。轻蔑是一种强烈的消极情绪，心理学家约翰·戈特曼发现它是导致离婚的最大预测因素之一。与这种感觉相关的行为包括翻白眼和冷战，这两者都可以被理解为把目标拒之门外的方式。一些研究情绪的心理学家推论，这些都是拒绝承认冒犯者存在的具体方式。当一段关系发展到出现轻蔑的状态时，想让双方和解可能会非常困难，甚至是不可能的。

这就是为什么那些新闻标题，以及"最普遍的国民情绪是尴尬"这项调查结果会奇怪地令我欢欣鼓舞。尴尬意味着情感共情，或者说，感受到了别人的感受。这种关系尚未彻底解除。大概在特朗普时代的第 4 个月的某个时候，克拉奇向我传来了他和保卢斯以及其他一些同事发表的最新论文，内容关于意识的参与如何缓解与"Fremdscham"相关的痛苦。在推特的私信中，他向我建议，下次为特朗普感到尴尬的时候——只要先冥想一下就好了 :-)。

正如社会学家尼尔·格罗斯（Neil Gross）在《纽约时报》上指出的那样，这些难为情的美国人之所以有这样的反应，不大可能是因为他们为特朗普感到尴尬，更有可能的是，他们为整个国家感到尴尬——尴尬理论能以一种隐晦的、矛盾的方式解释这一点，它暗示着人们感觉自己与这个国家是相关联的。尴尬越严重，表明你就越在乎，这是看待它的一种方式。

"如今涌现的那种尴尬是与民族自豪感和爱国主义紧密相连的，右翼经常指责左翼缺乏这两种情感，而国际自由主义者有时候也没能在自己的内心中注意到它们。"格罗斯写道。在研究中，骄傲和尴尬通常被归类为自我意识情绪，这意味着让你抬不起头的事物必然是你为之投入了某种感情的，否则你不会有这些感觉。"时间会证明，特朗普造成的尴尬究竟是不是政治变革的推动力。"他继续写道，"不管怎样，在这个充满敌意的时代，对于持不同政见者而言，尴尬是比仇恨更健康、更有公民意识的情感基础。"

在观看《交友直播》的过程中的某个时候，我思忖着，我跟这档节目之间的问题是否可以简单地表述为：我是个乏味的人。摩尔和她的小组成员都是犀利、娴熟的喜剧演员，我并不反对取笑别人。毕竟，我是与一个弟弟相伴长大的，所以我知道取笑所爱的人是一种增进感情的好方法。

即便如此，在演出现场，我还是一直试图融入他们开的玩笑，但就是做不到。我为受到他们嘲笑的那些人感到很难过。在拼凑一个社交媒体角色的时候，每个人内心私密的恐惧都是："大家会不会笑话我？"对于吉姆和开曼以及他们中间的任何人来说，今晚的答案是："是的，事实上，肯定每个人都会嘲笑你。"我们所有人都害怕被社会排斥，差别只在于程度不同。当我们感觉到别人在这方面的恐惧时，我们可以选择以轻蔑或者同情作为回应。发展心理学家菲利普·罗查特提出理论，认为这两种方法都是处理下意识的共情反应的方式。你和被排斥的人一同感受到了被排斥的感觉，你可以把那个人的感受纳入自己的内心，也可以把它拒之门外。通过这种方式，蔑视可以充当防御机制。"蔑视可以掉转社会排斥的方向。"罗查特论述道。这样一来，人们就不再觉得自己被排斥了，反而"现在是自己拒绝了别人"。《交友直播》给人的感觉像是轻蔑的尴尬，是在表达一种我们所有人在爱情和人际关系中都害怕遇到的拒绝，只是方向朝外。我们是安全的，我们是优越的——这些家伙才是失败的怪胎，我说得对吧？

在我看来，喜剧演员们在舞台上未曾言明的话语就像是给那几位被选中的交友软件用户传递的一条信息：你太可笑了，感谢上帝，我不是你。而有种更富同情心（也可能更真实）的观点恰恰相反：你太可笑了，我也是。人们具有通过蔑视来处理替代性社会排斥的倾向是可以理解的，因为这种行为能将感觉转向外部，使自己与被排斥的感觉保持安全距离。另一方面，这是一种富有同理心的反应，通过承认自己也在被排斥之列，将被排斥的感受引入自己的内心。起初，我不知道人们为什么要以这种方式，以一种带着同理心的尴尬来回应别人的尴尬，但后来我意识到解释其实很简单：这样做能让你感觉不那么孤独。这种带有同理心的尴尬会出现，就是因为我们意识到自己的怪异之处与他人相比，与其说是不同，不如说是相似。顺便说一下，这一课我是在一个听上去不太可能的地方学到的：红迪网（Reddit）。

电话里的年轻人拒绝透露真实姓名。他说，那太冒险了。最好还是用他在红迪网上的用户名"德鲁姆科夫斯基"，这样比较安全。他告诉我，外面有些人"非常讨厌"他的所作所为。这给我们的谈话增加了一种我没有预料到的戏剧性元素。

我打电话给他——好吧，我配合他一下好了，我打电话给德鲁姆科夫斯基，来谈谈他在 2012 年夏天创建的论坛子版块"/r/cringe"的背景故事。几年前，"/r/cringe"是红迪网上最受欢迎的子版块之一，如今它仍然十分活跃，拥有 60 多万用户。它的灵感来自当地电视台一则关于"青少年狼人"的新闻报道。那些高中生喜欢戴着毛茸茸的假尾巴、假尖牙和有色隐形眼镜。偶然间看到那段视频时，德鲁姆科夫斯基正闲极无聊地坐在曼哈顿一间朋友的公寓里。

"我感到一阵尴尬。"他回忆道，"我不得不每隔 5 秒钟就暂停一次，为了让自己振作起来，好鼓起勇气继续看视频。从某种意义上来说，看那段视频挺好玩的，但也很糟糕，你知道吗？"我还真知道，我告诉他。随着我们谈话的推进，我发现在德鲁姆科夫斯基身上，我找到了另一个尴尬爱好者。"这有点儿像是在惩罚我自己，但是——我不知道，"他说，"这件事还是挺有意思的。"

从他的描述来看，德鲁姆科夫斯基似乎更有可能用移情性的而不是轻蔑性的方式来回应替别人感受到的尴尬。他把别人的痛苦内在化——这是"可怕的"，他说，就像是一种"惩罚"——然而，他显然从中获得了某些感悟，以至于决定建立一个网站，以便收集更多的视频来故意引发这种感觉。

在我研究"尴尬学"的早期，我就在无意中发现了"/r/cringe"论坛。虽然我从未积极参加其中的讨论，但我一直潜伏其中。我几乎每天都访问这个网站，部分原因是我觉得在这个古怪的小网络社区里，偷窥别人的争论很有意思。

"这个并不尴尬。" 在一篇题为《泰勒·斯威夫特的歌迷在她走进来时向她传达信息》的帖子中，一位用户写道。所谓"信息"，原来是热情的歌迷们见到斯威夫特时为她演唱的一首歌。这位用户承认，这首歌"有点儿做作"，但并不令人尴尬。评论者认为，把视频放在论坛里就等于"仅仅因为他们想给自己最喜欢的艺术家唱歌就取笑他们"。

"为什么总是有评论说'这并不尴尬'，"另一位用户回应道，他似乎气得忘了给这句话加上问号，"你决定不了哪些东西令人尴尬，逻辑分析也做不到。有些人看着它就是会尴尬，可有些人就不会。"

第三条评论跟了上来。"实际上，"看到这个开场白，我不禁想象他在打字之前把脸上的眼镜往上推了推，"曾几何时，在这个版块里，尴尬被明确地定义为对在大庭广众之下感到尴尬的人产生的移情性尴尬感。这并不令人尴尬，因为没有人感到尴尬，当然，在评论中也不会有人感受到了移情性的尴尬。"他们在争论尴尬的不同含义间的细微差别。这只是一个随机选择的例子，与此几乎完全相同的争论经常出现在这个版块里。

这些都是发生在这个看板上的一场长期战斗的余震，那场战斗很快就转变成了恶意的评论行为。一位早期用户回忆说，它本来的主题是讲述日常生活中普遍存在的尴尬事件，比如有人"讲了一个糟糕的笑话"或者"在毕业典礼上绊倒了"（"看看就让人别扭"是"/r/cringe"版块的口号）。"这是出于共情的尴尬，"这位用户写道，"而不是出于怨恨的嘲笑。"但到2013年初，随着版块中讨论帖数量的增长，事情的主旨已经变了。一些订阅者以一种迥然不同的方式定义了它要表达的情感，这个版块"变成了一个嘲笑青少年在网上所发布的尴尬视频的地方"，那位用户继续说，"那从来就不是它应该有的样子"。

它从一个颂扬共情尴尬的地方变成了一个极尽蔑视性尴尬之能事的地方。这群人获得乐趣的手段是嘲笑那些在网上流传的尴尬视频的不幸主角——其中许多人还是孩子——而不是理解他们的情感。在一段视频中，一位十几岁的女孩尖声唱着一首单向乐队的歌，而下方的评论写道："想象一下你必须和她一起出现在公共场合时的情景。"而在另一位少女的自拍照下："你看起来……就像穿女装的瘪四①。"有时候，在我看来，在遇到让你感到尴尬的事情时，表达蔑视似乎是最容易解脱的途径，是阻力最小的途径。如果你远离它，你就是在保护自己，你可以欺骗自己，自认为不会遭到拒绝或者排斥（而且你不是那种会让自己难堪的人）。

然而，当时的德鲁姆科夫斯基并没有兴趣对各种尴尬之间的细

---

① 美国音乐节目有线电视网播出的系列动画片《瘪四与大头蛋》（*Beavis and Butt-head*）中的主角之一。

微差别展开哲学思考，他只想在有人受到伤害之前阻止欺凌行为。2014 年，德鲁姆科夫斯基召集了 60 名版主，试图在 "/r/cringe"版块上打击这种欺凌行为。如今，德鲁姆科夫斯基说："在红迪网上，我们的版块以拥有最严格的版规而闻名，我们因此受到了很多批评。"最疯狂的用户变成了无赖，将德鲁姆科夫斯基的想法扭曲成了他们自己的版本，他们开设了名为 "/r/CringeAnarchy" 的版块，在那里，蔑视性尴尬继续盛行。"他们发帖谈论我们的版块，还有'版主'，那里的人非常讨厌我们。"他告诉我，这也解释了为什么他不想告诉我自己的真名。

在了解这个版块的历史之后，我相当吃惊，因为当我偶然发现它的时候，它在我看来是那么热情洋溢——当然很奇怪，但也很温暖。我想这可能是因为德鲁姆科夫斯基和其他版主坚持认为，每一篇帖子都必须引起共情性尴尬，就是那种把对方的尴尬时刻内化，仿佛你就待在他们身边的感觉。有段视频总是被定期发布和转发，那是 YouTube 上最古老的视频之一：《爆炸来了》（*Boom Goes the Dynamite*）。这是一段时长 3 分 4 秒的大学体育新闻广播，主播是紧张的大学新生布莱恩·柯林斯。他在试图跟上提词器的时候不小心说错了话。在评论中，大多数用户都在阐述他们在柯林斯的身上看到的自己的影子有多么清楚。"我完全明白他的感受。"一位评论者写道，他接着描述了自己在高中辩论课上经历的某个与此类似的张口结舌的时刻。而另一位用户写道："当事情的发展偏离预期时，会有社交焦虑症和恐慌症发作……我真同情这个家伙。"

最近的人们视频发得少了，个人趣事却发得多了，我常被后者逗得哈哈大笑。我的最爱之一是，一位儿童网球教练正要为一个11岁的女孩上私人课。"圣诞节快到了，所以我问她是否对圣诞节感到兴奋。"那个教练写道，"她说兴奋，然后我看着她母亲，用一种听起来确实很开心、很乐观的声音说：'都11岁了，她还在相信圣诞老人吗？'她妈妈厌恶地看着我，说：'是的，她确实相信。'我没有改变说话的腔调，接着说：'那太好了！'沉默了很久之后，我又说：'确实有圣诞老人！'"

人们不会指望在红迪网上找到一种深切的共同人性，但这恰恰是我在访问这个网站时体会到的感觉。"同情"在英语中的字面意思是"一同忍受"，无论这是不是初衷，德鲁姆科夫斯基都创造了一个可以按需体验这种感觉的地方。我也经历过这些，评论者们相互告慰道，没事的。这些评论我读得越多，我就越不觉得尴尬是我个人独有的问题。怎么可能？既然这么多人都承认自己也有这种感觉，我就不会是与众不同的。科蒂斯·西登费尔德于2005年出版的小说《准备》（*Prep*）中主角的爱慕对象对他说："如果你意识到自己没有那么怪异，或者意识到自己的怪异其实也是件不错的事情，我想你承受的压力就会小一些。"这就是这个奇怪的网络小社区无意间教给我的道理。我并没有那么怪异，而且就算怪异，也不是那么糟糕。我认为，这是共情性尴尬的秘密诱惑：为别人感到尴尬，可以在下次为自己感到尴尬时消除一些情绪上的负担。

07

难堪发作

几天前，我在做我最讨厌的家务事：收拾洗好的衣服。该死的，我已经把它叠好了，你还要我怎么做？我干活的时候，思绪一直在游来荡去，这时候，我没来由地突然回想起 2007 年夏天，华盛顿州雷德蒙德市微软园区 25 号楼的那道铺着地毯的走廊。突然间，我又回到了 22 岁。

我还是很紧张。那时候的我总是很紧张。刚从北加州的大学毕业了几天，我就将自己的全部细软打包塞进了我的丰田卡罗拉，然后驱车北上华盛顿州。我在那里得到了一个在微软全国有线广播电视公司的官网"MSNBC.com"健康频道实习的机会。回想起来，我完全不适合那份工作。一天到头，我都在会议上听着其他编辑讨论诸如激素替代疗法、医院获得性感染或者肥胖悖论之类的事情，而我自己只会不停点头。等回到办公桌前，我再一声不吭地上网疯狂搜索，好弄清楚他们到底说了些什么。要担心的事情太多了。

不过，最近我一直在担心自己的衣着。整个大学时代，我实习过的报社都对衣着没什么要求，但是在这里工作的人们穿得更好，至少我的老板确实是这样。我注意到，如果偶尔我迟到了，但是穿着不错的衣服，她就会默不作声，不予追究。我开始模仿我的室友，25岁的她似乎比我更睿智、更世故。在工作日，她喜欢穿中等长度的深色"AA美国服饰"针织裙，她会挑选适合在办公室穿的中性色，比如海军蓝和黑色。

但在这段回忆中，裙子背叛了我。我离开洗手间，一门心思地想着所有那些有待搜索的晦涩的医学术语，向新闻编辑室走去。就在这时，我听到从我右侧的大厅那边传来了一声尖笑。我顺着声音看去，有三个人正在凝视着我，其中一个还在嘲笑着对我指指点点。我低头一看——哦，天哪。

我的新裙子被塞进了我的紧身裤里面。

10年后，在我的公寓里，我知道那一刻在时间和空间上都已与我相距甚远，但我仍然因它难堪得龇牙咧嘴。我甚至来回摇了几次头，好像觉得自己可以用蛮力把那幅画面从大脑中甩出去似的——办公室走廊、大笑的同事、背叛我的裙子。"太尴尬了。"我小声说，尽管根本没人在听。

这种反应，我这种经常以身体动作回应某段尴尬回忆的方式，似乎一直是我个人的怪癖。但是，"网络尴尬之王"德鲁姆科夫斯基告诉我，当他的大脑认为是时候重播一下自己的尴尬回忆时，他也会做出相同的反应。"你只是坐在那里，大脑便无缘无故地决定要把那些事情扔到你面前。"他说，"对我来说，如果当时只有我一个人，我就会大喊：'不！不，不，不，不，不。'"

真的，听到其他人也有这种反应，我不应该如此惊讶，因为英语里面"难堪"（cringe）的肉体性真的体现在了词典释义当中：不自觉地扯动或收缩肌肉；因反感而畏缩。查一查就知道了。在网上，我发现了这些记忆有一个我很喜欢的名称：难堪发作（cringe attacks）。它们是过去让你丢脸的小事，又不请自来地——甚至是在多年之后——回到你的脑海。

最近，我与滑铁卢大学的心理学家詹姆斯·丹克特（James Danckert）聊了这个问题。我曾打电话给他，请他谈谈他对无聊的研究，但在聊天过程中，话题转向了其他一些我们不太关注的情绪，然后我提起了我对尴尬的关注。那年晚些时候，我和他都被邀请在路易斯维尔大学的一次小型心理学会议上发表演讲，那场会议名为"被忽视的情绪会议"。我觉得这是一个很讨人喜欢的标题，好像它为那些没能在《头脑特工队》中担任主要角色的情绪提供了一个露脸的机会。

对于被忽视的尴尬情绪，他说："我讨厌它的原因就是，你真的会重新体验过去的尴尬。"这句话对于其他某些情绪，比如他正在研究的无聊，就不那么适用了。我能记得自己在高中的经济学课上或者在课后打工做服务员时曾感到无聊，但那种厌倦感并不会随着记忆恢复，而尴尬就不然了。丹克特指出："当你又一次想起那件事时，你就会再次体会到那种尴尬。"

但是……为什么呢？那些记忆是痛苦的，但也算不上创伤。平心而论，它们甚至在客观上也没有那么尴尬。

例如，最近，我和一位前同事喝咖啡的时候，她告诉我，几个星期前，她正站在浴室镜子前，记忆忽然间把她带回到 2015 年的万圣节。"我意乱情迷，和同一个即兴表演小组里的两个家伙搞在一起。"尽管其实她很喜欢派对上的另一个人，她告诉我。对她而言，这足以引起强烈的难堪发作，以致她对着镜子里的自己大喊："哦，我的天哪，我的天哪，我的天哪，你为什么要那么做？！"我理解她这种反应，但是说实话，这段记忆本身听起来并没有那么不堪。然而，我自己也有类似的回忆，我很难解释自己为什么会如此尴尬。那么，是什么原因让这些记忆在看似随机的时间点突然回归，比如在我漫不经心地做家务时。有没有办法可以阻止它们，或者至少消除一部分它们造成的痛苦？

然后我有了一个无法忽视的想法：如果你几乎能记住在你一生中的每一天发生的所有那些惊人的细节，那么你难堪发作时会是什么样？

我没有得到我期望的答案，但我发现的东西却有趣得多，对那些经常被尴尬的回忆击中的人来说，这确实有用。第一步：学会如何对自己更好一些。

还有，第二步：学习如何忘记自己。

🐱🐱🐱

我向尼马·维瑟提出的问题很简单，尤其是对一个掌握着他那一套——不妨说——技能的人来说：我想让他给我讲一段他过去的难堪经历或是尴尬回忆。他也有时间考虑这个问题，因为几天前，我在向他发送电子邮件，跟他商定我们于本周五的那个夏夜，也就是此刻正在进行的视频聊天时，就问了同样的问题。然而现在他还是无法回答我。

维瑟是世界上仅有的约 60 个超忆症患者中的一员。这是加州大学尔湾分校的科学家于 2006 年发现的一种病症。他几乎能清楚地记得自己生活中的每一天发生的每一件琐事。相比之下，我甚至无法告诉你我上周发布在网络上的内容。我的记忆力普普通通，但我经常因时光剧烈倒退带来的不适感到困扰。我越是思考这件事，我就越想知道：如果你几乎能记住自己经历过的所有事情，那么当你回想起自己的尴尬时刻会是什么感受？

在和维瑟聊天之前，我和乔伊·德格朗迪斯一起喝了咖啡，他也患有超忆症，而且恰好在《纽约》杂志社所在的那条街上工作。关于记忆以及我们与过去的自我之间的关系，我们进行了愉快的交谈，但他也为我提出的有关尴尬记忆的问题苦思不解。他和维瑟对各自的记忆有着不同的类比。维瑟似乎将他的记忆视为一个高度组织化的文件柜，而德格朗迪斯则认为他过去的自我与当前的自我由成千上万条看不见的线永远联系在一起。但是他们似乎都无法利用自己的超能力召唤出某个过去的尴尬时刻。

那不就是你的全部吗？！在他们查阅回忆的线索和文件柜时，我保持着安静，内心却在呐喊。我知道，我不能认为所有的超忆症患者都像他们一样难以回忆起那些令人尴尬的时刻，但即便如此，我还是感到困惑。如果说这两个家伙（据说他们还记得自己说过或做过的每一件事）都想不起来哪怕一件让自己难堪的事情，我又怎么会止不住地想起过去的尴尬片段呢？

为了理解这一点，让我们把话题转回我们这些记忆力平平的普通人身上。神经科学研究可能会将这种难堪发作归类为"持久性"的一个例子，它的意思大体上就如同听起来那样——它是一种持续存在的记忆，并且总是不自觉地反复出现。持久性通常与创伤经历有关，但正如神经学家迪恩·伯内特（Dean Burnett）在《你的大脑是个白痴》（*Your Brain Is an Idiot*）一书中解释的那样，这些记忆并不一定来自某些戏剧性的生活事件。

"也许你正走在去某个地方的路上，"他写道，"漫不经心地胡思乱想，可大脑突然说：'还记得吗，那次你在学校聚会上约那个女孩出去，她当着所有人的面笑话你，你逃跑了，结果撞到了桌子，摔在了蛋糕上？'毫无来由地，你一下子陷入了差耻和尴尬之中，这都要归功于一段20岁时的记忆。"

但是，为什么这些记忆似乎常常不请自来？在他的书中，伯内特称大脑不应当被描绘成一台值得崇敬的超级计算机，而应该是一个疯疯癫癫、不讲道理，有时候会以让人捉摸不透的方式运作的东西。他说，想象一下，"一台计算机老是打开你那些更私人、更令人尴尬的文件，比如你那些'爱心熊'同人作品，而且它擅自行事，不挑时间"。在伯内特看来，这对你的大脑来说是个不错的比喻。

这是个好玩的画面，但是赫特福德大学的心理学研究人员莉亚·科瓦维拉什维利（Lia Kvavilashvili）认为，即使记忆的行事作风往往不能被我们立刻理解，但它至少比伯内特描述的更加有条理。凭借对她所谓的"闪现记忆"（mind pops）——也就是那些似乎凭空浮现的想法——的研究，科瓦维拉什维利已经小有名气。她的研究对象之一是她自己，在研究的初期，她将9个月内自己脑中出现的每一个"闪现记忆"都记录了下来。在此期间，她体会了大约400次这种认知奥秘。她从中发现了一些共性：其中90%发生在她独处的时候，而且80%发生在她漫不经心地做一些例行工作（例如做家务或者打扮自己）的时候。

她还把目光投向自身以外，研究那些记录着自己的随机记忆的人，以此来复现那些结果。"人们都声称自己那时候正做着简单的活动，心态比较放松。"她对我说。这听起来像是那么回事：我被拖回2007年的时候正在收拾衣服，而我的前同事重温2015年万圣节派对的时候正在进行早间的例行活动。

科瓦维拉什维利和她的同事们还尝试通过让人在电脑上观看非常无聊的内容——比如一系列滑过屏幕的相同的垂直线——来诱使他们的大脑在实验室中"闪现"出那些回忆。那些线之间穿插散布着一些短语，比如"过马路""一杯咖啡""碎玻璃"。每当自己的大脑中闪出一条回忆，研究志愿者都要按一下按钮，并记下自己回想起了什么。在15分钟的实验过程中，志愿者人均报告了约7条记忆。科瓦维拉什维利据此认为，这些记忆"出现的频率之高超出我们的想象"。

我们聊到这里的时候，她温和地向我透露，到目前为止，还没有人研究过与"闪现记忆"相关的特定情绪，因此她无法确切地告诉我，为什么尴尬的回忆会以这种方式回到我们的脑海。但是，她提出了一些理论。

其中一个是，一些研究记忆的人士认为，即便是看起来完全随机出现的记忆，实际上也往往是由环境中的某些因素触发的。她告诉我，她的一个同事在开车时会强迫自己将随机记忆口述到录音机上。在回放录音时，他就能够分析出街道名称以及特定的汽车品牌或型号是如何唤醒那些记忆的。"所以，哪怕当时那些记忆看起来完全是随机出现的，"她说，"但也似乎并不真正完全如此。"也许那天我放下 T 恤的动作让我想起了穿着翻领平纹针织短裙的感觉。

另外一个理论是，想想看，你是多么频繁地以"事情不是像它看起来那样的"或者"我可以解释"这类的话为第一反应，来回应目睹你尴尬时刻的人。如果你没有机会做出这样的解释，你就会在心里认为那一刻你遇到的问题没有被解决。一些研究人员认为，相较于那些做出了解释的尴尬时刻，这种"没能解决的尴尬"在我们的头脑中盘桓的时间更长。

或者，也许是因为那个我们在第一章到第三章中已经探讨过的事实：尴尬时刻常常令你从别人的角度看待自己（哪怕只有一瞬间）。研究表明，自我定义的记忆往往能在我们的大脑中保持更加生动的面目，这种现象会贯穿我们的整个人生——你也许还能记得在序章中提及的，这也是对"怀旧性记忆上涨"的一种解释，是你青葱岁月的经历在你高中毕业多年之后仍然占有那么大分量的原因。你以一种全新的方式看到了自己，而那些尴尬时刻往往也会历久弥新。

说了那么多，对于难堪发作（这里是对那些记忆力寻常的普通人而言）背后的神经机制，也可能存在一个简单得多的解释：你的情绪决定了你的大脑打算保留什么。感受越强烈，记忆越牢固。

🐱🐱🐱

"我只和你聊了几分钟。"在加州大学尔湾分校研究记忆的神经生物学家詹姆斯·麦高（James McGaugh）在电话中对我说，"而且你得知道，不好意思——你真的很傻。"

我知道他这么说只是为了说明记忆与强烈情绪之间的联系，尤其是在感到惊讶的时刻。他之前提醒过我，他要说一些纯粹只是为了举例，而并非其本意的话。尽管如此，这话听起来还是挺伤人的。

他承认："哪怕我说过这不是真话，你可能还是会记一辈子。"我们的采访才刚过去几天，我就已经开始怀疑他可能是对的。他说那句话的时候，我的目光停留在最新一期《纽约》杂志的封面上，模特艾什莉·格林汉姆身着豹纹上衣和配套的皮草大衣。请过几年再与我联系，看看我是否对动物斑纹产生了反感。

"那些话出乎了你的意料。"麦高解释道，而且很容易激发人的情绪，这两个因素都会使大脑对自己说，记住这一刻，无论发生的是什么事情。他向我简略地介绍了这种事情发生时的神经生物学过程。某种因素使你的大脑兴奋，触发了肾上腺素的释放，肾上腺素又触发了另一种名为去甲肾上腺素的物质的分泌。去甲肾上腺素是一种神经递质，会刺激杏仁核。他说："杏仁核是大脑的一个区域，会因情绪激动而兴奋。"然后，杏仁核"与大脑中几乎所有的其他区域进行交流，相当于它在宣布发生了重要的事情，记得牢一点"。

这种情况发生在人们感到尴尬或者屈辱的时刻，但并不限于这些情绪，而且一如我最初设想的那样，也不限于负面情绪。如果有人告诉你，你刚中了彩票，那么你肯定会永远铭记那一刻。我仍然可以清楚地记得安德鲁第一次说爱我的那一刻。麦高说，所有这些都证明"我们拥有一个内置的系统，确保我们能够更加牢固地记住生活中重要的经历，而不是那些无聊的经历，因为这能帮助我们适应将来遇到的情况"。

有趣，都很有趣。但是，这里有一个你可能想要留意的实际应用：对那些记忆功能普通的人来说，这种与强烈情绪的联系可能是抵御难堪发作的关键。根据伊利诺伊大学厄巴纳-香槟分校贝克曼研究所的神经科学家最近的一项发现，这种联系能帮助人们尝试回想起高度情绪化记忆的其他非情绪化的细节。你还记得当时你穿的衣服吗？还有谁在场呢？周围有什么声音？有什么气味？

在 2015 年的一项研究中，这些研究人员发现，如果人们花时间在心理上充实一下导致他们痛苦的记忆中的细节，就有助于减轻这段记忆造成的刺痛。作为研究人员之一的弗洛林·多尔科斯（Florin Dolcos）在一份声明中说："有时候，我们执迷于思考某件事中的自己有多么悲伤、尴尬或者多么受伤，这使我们感觉越来越糟。"实际上，这就是在焦虑症和抑郁症患者内心经常发生的事情：沉迷于痛苦的记忆会使你更深地陷入心理健康问题。另一方面，专注于记忆的非情绪化的方面，应该有助于减轻与这段记忆有关的情绪体验。"一旦你沉浸在其他细节中，"多尔科斯解释说，"你的思想就会完全游离到其他事物上，而你也就不会过多地关注负面情绪了。"

这样，我们的话题就回到了维瑟、德格朗迪斯和其他超忆症患者的身上了。麦高是 2006 年最早发现这种非凡记忆能力的科学家团队的成员之一。关于与我交谈过的两位超忆症患者为什么很难回想起过去发生在自己身上的尴尬事件，他向我解释了他的理论。他们的记忆之所以能有那样的运作方式，原因之一在于，所有的事情都以相同的情绪水平被他们记在心里。这就是为什么他们很容易回忆起日常生活中的大事小情。例如，我冷不防地提到了 2005 年前后与德格朗迪斯的一次碰面，他立刻知道我说的是他去看《美丽心灵》的那一天。

但是，如果所有事情都那么情绪化，也就没有什么特别的了。"如果你有强大的记忆力，可以将所有事情提升到一个较高的情绪水平，那就不会有什么区别了。"麦高说，"因此，你不会说：'哦，那些尴尬的经历我肯定比不尴尬的经历记得牢。'"并不是说德格朗迪斯和维瑟都不记得让自己尴尬过的时刻，只是那些时刻并不因比他们生活中的其他任何回忆更加生动而突出，哪怕是像"我看过一部被高估了的罗素·克洛的电影"一样平淡无奇的回忆。

对某些超忆症患者来说，这意味着困扰他们的不仅是过去的痛苦经历，而且几乎是过去的所有经历。"超忆症的问题在于，你什么都逃不过。"维瑟告诉我，"每个美好的时刻，每个恶魔，都一直在那里，每时每刻。"在拥有这种非凡能力的人当中，有一些比其他人更容易受到过去的困扰，就像我们这些拥有常规记忆能力的人一样。"这取决于个人，"麦高说，"以及他们如何处理自己的记忆。"

我自己的记忆永远不会像维瑟的那样运作。但是，当我和他交谈时，他对自己惊人记忆力的概念化使我意识到，我可以从他对过去的观点中有所借鉴。聊了将近一个小时，他终于想起来一个合适的尴尬时刻：当时他真的很投入地准备参加卡拉 OK 比赛，可他的搭档放弃了对冠军的争夺，让他与一个不知道歌词的人一起在全市冠军赛中二重唱。

只因为他参加了一次卡拉 OK 联赛，我又奖给了他一些尴尬点数，但总的来说，这件事并没有引起我的兴趣。老实说，他也一样。他承认，他当时并不是非常尴尬，现在回想起来更不觉得尴尬了。我请维瑟推测一下，为什么让他回想过去的尴尬时刻会这么困难。

"超忆症会训导你不再觉得尴尬，它让你必须接受自己。"他说，"总的来说，这是尴尬的根本问题——你发现的那些对尴尬最不敏感的人要么是完全的浑蛋，要么是很容易接受自己的人。超忆症会迫使你自我接受，让你的记忆不会随着时间衰减。你不会忘记。"我们其余的人可以从这种思维定式中学到一些东西。

🐱🐱🐱

2007 年，学术期刊《个性与个体差异》(*Personality Processes*

and Individual Differences）上发表了一篇题为《善待自己的启示》的文章，文章开篇写道，"有人从容应对生活的重击，平静地面对着失败、损失和难题"。接下来，这篇文章将那些"从容应对"的人与"过分思考生活中的灾难、谴责自己的缺点，并小题大做地对待自己的问题，从而加剧自己的痛苦"的人进行了对比。它使我想到了"世界上有两种人……"这句话。自 2003 年左右以来，少数心理学家——其中最著名的是得克萨斯大学奥斯汀分校的克里斯廷·内夫（Kristin Neff）——就一直以这种方式将世界一分为二：世上只有自我同情的人和不自我同情的人。

"自我同情"（self-compassion）一词在某种程度上给人多愁善感的感觉。前文提到的那篇 2007 年的文章发表在了学术期刊上，但有时候读起来有点儿像摆在书店"个人成长"区域里面的读物。我这么说并没有侮辱这篇文章的意思，因为我读过很多那样的书籍，而且很喜欢（我还预感到你也是在那个区域找到我的书的）。但事实是，这也是一个令人困惑的术语，因为它听起来好像也带有自尊的意思。像我这种生于 20 世纪 90 年代的孩子会记得自己坐在教室里接受教导的样子，我们被告知我们有多么特别，以及我们应该永远、永远地爱自己。可是这个词不是那个意思。

相反，它是一种更好的东西。内夫的研究表明，自我同情可以帮助你更准确地认识自己——或者更具体地说，它可以让你以别人看待你的方式认识自己。这让我想起了尼马·维瑟的论述：如果你也像他一样拥有那种过分强大的记忆力，能够自我接纳就非常重要了。在与维瑟和德格朗迪斯交谈之后，我感觉他们就像是一个更加普适的道理的夸张例证：我们都无法真正地摆脱过去的自我，所以最好能学会对过去的自我更加客观一些。我认为，这至少是维瑟所谓的自我接受的部分含义：承认以前的你就是真正的你，不要试图忘记或者捏造细节。内夫的研究提出了实现这个目标的一种方法，一条通向自我意识的路，也是另一种在"无法逾越的鸿沟"上架起桥梁的方法。因为这是我最感兴趣的概念，而且因为我不能忍受在5页纸上一遍又一遍地敲下"自我同情"这样做作的词，所以我打算改用"自我辨析"（self-clarity）这个术语。

在一项相关研究中，内夫召集了一群刚刚得知自己期中考试成绩不佳的大学生，她用简短的问卷调查来测量其中每个人在这一特定的自我意识方面的水平。这是衡量人们是否了解自己在世界上所处的位置的一种简单方法。他们只看到了自己吗？还是他们倾向于将自己置于其他人经历的更普遍的经历中？

我在本书前面的部分谈到过，尴尬像是一种孤立的情绪。如果确实如此，那么这项研究表明，我们有必要记住，所有人都会在某些时候变成彻头彻尾的社会白痴。自我辨析能力低的人倾向于同意这样的陈述："在想到自己的不足之处时，我感到自己更加孤立，与世界隔绝"，或者"当我在对自己很重要的事情上失败时，我很容易在失败中感受到孤独"。另一方面，自我辨析能力高的人倾向于同意这样的说法："当事情对我不利时，我将困难视为每个人都会经历的生活的一部分"，或者"当我在某种程度上感到能力不足时，我试图提醒自己，大多数人都会有这样的感觉"。

自我辨析度得分较高的学生也更容易接受自己的糟糕成绩，相反，其他人则更有可能采取"以回避为导向的应对方式"——他们尽量不去考虑这件事。正如我们在第三章中看到的那样，在某个尴尬时刻，逃避是一种诱人但终究毫无用处的策略。如果你不肯直视某个问题，你就无法解决它。

在一项更加怪异的研究中，研究人员要求人们进入实验室，坐在摄像机前，编造童话或者其他可以讲给孩子听的故事，而摄像机会记录下这段过程。唯一的规则是：必须以"从前有只小熊……"为故事开头。在他们讲述了自己编的故事后，研究人员为他们播放了一段录像——可能是其本人的，也可能是其他人的，并要求他们评价这个小熊故事。

总体而言，自我辨析能力水平不高的人讨厌自己的录像，这也可能为有些人比其他人更害怕在视频聊天中露面提供了另一种解释。这些参与者更有可能评价自己编造的故事"非常糟糕"或至少"有些糟糕"。他们还倾向于用"笨拙"或"愚蠢"来形容自己在录像中的举止。在被要求观看自己讲述小熊故事的样子的时候，他们感到尴尬、易怒和紧张，对自己的表现打分低于别人给他们的平均分。相比之下，自我辨析能力水平很高的人不会因为观看这种视频而感到困扰，他们对自己录像的评价多半和别人给出的评价一致。

这很重要，因为它使自我辨析与自尊形成鲜明的对比。针对自尊和表现评估的研究通常会发现，不出人们所料，自尊心强的人真的很欣赏自己以及自己在给定的任务中的表现，而且他们对自己的表现和个性的评价往往比其他人给出的高得多。自尊令你自我膨胀，这会使其他人对你的看法变得更难以忍受。但是，正如2007年那篇文章中写到的，"与自尊心强的人的自我拔高倾向相反"，那些自我辨析能力强的人"对自己的判断似乎能与其他人给出的一致"。你可以看清并接受自己，甚至包括你的缺点。

但是，这种形式的自我接受不会让你止步于此，不会让你对自己的缺陷视而不见。让我们再回到关于糟糕的期中考试成绩的研究中。在报告中自我辨析能力强的学生身上更可能表现出所谓的掌握导向的迹象，也就是说，他们的行为和态度表明，他们想知道自己为什么考砸了，以图下次能够考好。这里发生了什么？为什么进展不如我预期的那样顺利？反过来，他们的好奇心促使他们努力改进自己。另一方面，那些自我辨析能力弱的人则对此不太关心，而当被问及可能出了什么问题时，他们会更具防备性。

如果你不能自然而然地做到自我辨析，那么你可以通过一些方法来学习它。内夫在她2011年出版的《自我同情》（Self-Compassion）一书中，建议人们像对待密友一样对待自己，温和但并非毫无原则。我很幸运自己有几位让我脚踏实地的好友。当我做出荒唐可笑的行为时，他们会很坦率而友好地告知我。你应该成为你自己的这种朋友，而不是那种心存好意，但对你的感受保护心理太强的朋友——那种朋友会告诉你这不是很尴尬，尽可能地把你的不良行径轻描淡写。重要的是承认，事情也许确实有那么尴尬。但是别忘了同时提醒自己，你不是地球上唯一做过类似事情的人。成为自己的那种朋友：会直言你的牙缝里塞了菠菜，但也会告诉你，有一次她自己穿着染了一大块咖啡渍的衬衫在外面逛了一天。

这是一项值得学习的技能，因为甚至有证据表明，自我辨析能力很高的人可能更善于抵御难堪发作。愿意的话，你现在就可以尝试一下：想一想高中或者大学时期的某个尴尬时刻，某件确实让你为自己感到难过的事情（如果你需要借用，我有好几件事可以分享呢）。仔细琢磨一下那个时刻：之前发生了什么事？当时谁在那里？你那时感觉如何？

就像本章前文提到的，专注于这些记忆的非情绪化方面确实有助于减轻它们的影响，但也有一种情况可能需要你花些时间做点儿相反的事情：接受那些感觉！让它们一路回去，直入内心。"给它整整 7 秒钟的时间，然后释放它。" 2017 年，网络上一个关于如何应对尴尬回忆的帖子这样建议，这个帖子当年像病毒一样传播。这是一个很好的开始，但对我来说，这似乎不是一个有效的长期战略。那些回忆会一直回来。

相反，一旦你让尴尬再次回归，就用这三个问题来代替那段回忆吧。第一个问题：其他人经历过多少次同样的或者相似的事情？或者，更具体地讲：比如说，有多少人走出公共洗手间的时候把裙子塞进紧身裤里过？很多！这种事确实令人尴尬，没错，但是作为尴尬的时刻，这种桥段已经有点儿烂俗了。

第二个问题：如果有一位朋友来找你，向你提起了这段往事，你会如何回应她？在这种情况下，我想我会说，如果她讲述的方法得当，那应该是一个非常有趣的故事。除此之外，我可能会告诉她那件事很可爱。

最后一个问题：你能试着从别人的角度思考那个时刻吗？让

我尝试将自己投射到那个目睹那一幕时对我又指又笑的女人的脑海中。也许那时候她很惊讶，还庆幸发生了一件让工作日不再那么单调的事情。或者，现在我年纪大了，我知道实习生在办公室的环境中有时会显得格格不入，就好像他们是来自某个遥远国家的旅行者：他们几乎不会说我们的语言，还很艰难地努力理解着我们的文化。有时候，对我们这些在办公室环境中如鱼得水的人来说，看着实习生努力搞懂各种事情的样子确实很好玩，即使我们觉得笑话人家实在是不地道。

这条提出三个问题的建议是 2007 年那篇论文的要旨。该论文发现，上述练习在处理负面的个人记忆方面比其他一些更直观的方法更有效。还有一些行不通的做法，包括说服自己发生这种事是别人的错；用关注自己的正面特性来分散自己的注意力；告诉自己，记忆"并不能真正地表明我是什么样的人"。

这是自我意识的一个版本，它允许你承认自己是会犯错误，也能正确看待错误的"那种人"。有一次你确实把裙子塞进了紧身裤里，周围也确实有人清楚地看到了。你有时候会把事情搞砸，但是其他人也一样！正如内夫在谈及她的研究时所说的，当我们具有这种自我意识时，那么"当我们失败时，我们不会说'可怜的我'，而会说'好吧，所有人都会失败'。每个人都在奋斗。这就是身为人类的意义"。它可以帮助你看清自己，它还可以帮助你看到自身以外的东西。

本周的早些时候，我正在推特上消磨时间，突然看到了一条推文，它帮助我梳理清楚了一些一直存在于我脑海中的松散的想法。推文的作者是我的同事、《纽约》杂志驻华盛顿记者奥利维亚·纳兹。她发布了一张莉娜·杜汉姆的发言的截屏："我是一个模特，我就是我自己的蕾哈娜。"在推特上一直很有意思的纳兹用一个流水句做出了回应："我受够自爱运动了，我认为我们需要一场自恨运动。"

我意识到她并不是认真的，但那句话还是引起了我的注意，因为我同样对人们过度地推崇自爱感到厌烦，但是（显然）主张自我憎恨是荒谬的。取而代之的是，最近我开始对一种我称之为"自我漠视"（self-indifference）的行为产生了兴趣。

对我来说，自我漠视是一种安慰，让人直白地意识到自己根本没什么大不了的。我确信自己对这个想法产生兴趣至少部分是一种对被自尊运动熏陶的童年时代的反应，这一点我在本章中已经提到过了。我们经常被告知，我们有多么不同寻常，有多么异于常人。这些都是成年人对我们的生活的善意，然而这对我们造成了什么影响？正如我们已经看到的那样，针对这一课题的心理学研究表明，如果你想通过摆脱批评，只关注自己的积极方面而使自己感觉更好，那么效果只会适得其反。真正能使自己感觉更好的最佳方案（如果违反直觉的话）是把自己看得和现实中的一样。正如尼马·维瑟和他非凡的记忆力提醒我的那样，即使是拥有平凡记忆力的人也永远无法真正地摆脱过去的自我，我们会就此在第十章中展开更深入的探讨。因此，最好是简单地承认你自己，还有那些曾发生在你身上的让你难堪的事情，并尽力而为——然后一笑而过。谁还没做过同样荒唐的事情啊？

事实上，趁着在一趟长途散步中出现的难堪发作的机会，我尝试了一下这种方法。不知是什么让我回想起了几年前，那时候我每天会写三到四篇科学文章，而其中的很多篇现在让我很尴尬。那时，我每天都要赶工好几次，有时候质量也会受到影响。回想这件事的时候，我想到了格外粗制滥造的一篇，感觉自己肠子都要打结了，就像每次难堪发作时那样。但是后来我产生了一个想法：其实每个在互联网上写作的人都有过一些让他们感到后悔的水平拙劣的作品。你不是唯一的。第一个念头出现时，我腹部的不知哪些肌肉已经开始扭曲了，但当第二个念头一出现，它们就立刻放松了。

C. S. 刘易斯也对我所谓的"自我漠视"进行过阐述，只不过他称其为"谦逊"。这两种说法是同一种东西的两个不同的名称。他在《返璞归真》(Mere Christianity)中写道："真正谦逊的人，并不是那种总在告诉你他显然只是个无名之辈的人。"相反，他"根本不会考虑自己"。

心理学家詹尼弗·科尔·赖特(Jennifer Cole Wright)说过，"谦逊"是一个被误解的概念。我们常常以为它的意思是对你自己和你的地位持有较低的评价，但是赖特和同时代的研究这一态度的其他学者对此持有不同的看法。就像人类学家艾伦·莫里尼斯(Alan Morinis)所写的，谦逊使你"占据一个刚好合适的空间，不太大，也不太小"。谦逊就是明白你自己所处的位置。

有关该主题的现代科学文献（更不用说几千年前的哲学著作了）认为，谦逊的人往往不会专注于自己。赖特解释说，谦逊一点可以帮助你从正确的角度保持天赋、磨炼技能。比如，作为专业作家，我能够把连贯的句子串在一起这件事，并不会因为展现出了我的能力或者显得我有多么出色而具有价值。重要的是我要用这种能力做什么。

谦逊的人真正关注的是其他人。他们向外看，向周围的人看，如同看向自己的内心一样频繁，甚至更频繁。2016年的哲学论文《一些值得期望的谦逊》（*Some Varieties of Humility Worth Wanting*）中提及："这并不是说谦逊的人不关心自己的福祉、不追求自己的利益——而是她认为，这些东西与他人的福祉和利益紧密交织在一起。"谦逊使你将自己视为一个相互联系的整体的一部分。你之所以重要，是因为你的行为对其他每个人都造成了影响。

研究表明，在与意见相左的人打交道时，谦逊的人更容易保持开放的态度。在应对我们在第三章中探讨的那种尴尬谈话时，这种品质很有用处。最近，针对理性谦逊（intellectual humility，这个词被不慎严谨地定义为明白自己所知有限）的研究表明，具备这种素质的人更倾向于接受新想法，这意味着他们很可能是更好的学习者，甚至能从与他们意见不合的人身上发现可以学习的东西。赖特和她的同事在最近的一篇论文中解释说："谦逊是对我们将'自我'特殊对待的天然倾向的一种纠正。"这听起来像是我和纳兹都在寻找的"自爱运动"的解毒剂。

如果你对尴尬很敏感，那么你已经可以开始变得谦逊一些了。到目前为止，你已经意识到了同理心在尴尬时刻起到的作用，因为当你以别人的视角想象你自己的样子时，这些事例短暂地改变了你的看法。瞬间，你就从自己的视角中解脱出来了。因此，尴尬时刻可以提醒你，你的视角并非唯一。同样，难堪发作可能会提醒你，你的尴尬并非只有你才会遇到。这不是你独有的感觉，每个人都在某种程度上共享着它。提醒自己这一点可能是尽量减轻这些记忆对自己造成的影响的一种方法。

谈论诸如谦逊之类的美德听起来抽象而崇高，但是学会变得更加谦逊可以帮助你忍受日常的尴尬。第一次见到某人时，你显然会尽最大努力使自己看起来很好。你在尝试展现自己最好的一面，因此你肯定会提及那些会给对方留下良好第一印象的话题，也许是谈一谈你最近读过的一本好书，也许是突兀地聊起你住在欧洲的岁月。这些没什么可羞耻的，我们都那么做。例如，在一项研究中，研究人员分析了酒吧顾客之间的对话，发现在 2/3 的时间里，人们都是在谈论自己。我们这样做是因为我们希望与他人相处，我们希望被别人喜欢。

但是，这项研究始终在告诉我们，这种策略会起反作用。谈论自己是给别人留下恶劣第一印象的好方法。研究表明，人们谈论自己是因为他们认为这是让别人喜欢自己的最佳方法，考虑到这一点，这可真是个令人沮丧的发现。当你不知道该说什么时，更好的做法是：提一个问题。

更具体地说，哈佛商学院的博士生卡伦·黄和她的同事最近开展的一些研究发现，你向别人提的问题越多，他们就越容易对你产生好感。在一次实验中，研究人员告诉一些参与者，他们至少得提9个问题，另外一些人则被告知他们最多只能提4个问题。他们各自与某个搭档聊了一段时间，然后每个人都评价了一下自己有多喜欢这位搭档。结果表明，每个人最喜欢的都是提出了很多问题的人。但是，并不是提什么问题都管用：研究人员发现，人们最喜欢被追问，这无疑是因为它证明了自己正在被他人认真倾听。大多数人只是希望被别人倾听。

因此，减少在日常生活中尴尬时刻的次数的秘诀并不是密切监视自己的行为，确保每一步都不走错，每一句话都不说错。无论如何，这是完全没有必要的，因为（你应该能记得我们在第五章提到过）大多数人都不会像你认为的那样严格地评判你。不要只关注自己的内心，将注意力转移到外面，转移到面前的人身上。当你那么做的时候，也许还可以帮我传播"自我漠视"的福音。

第三部 现在我该怎么办？

08

办公室里的尴尬沉默

那是 3 月的一个下雪天，天气坏得足以把大多数人困在家里，但也没有坏到让他们的房屋失去电力。现代的知识工作者会立即意识到，那是个典型的在家工作的日子：你没有得到假期，但也不必换下睡衣。小小的胜利。

在那一天，一位女士在卧室里开始了她的雪天工作日。她有几个室友，不过房东也跟这个小团体住在一起。房东在家里强制执行着一些不寻常的规定，其中一条是：楼下不允许出现笔记本电脑。这是一条恼人的规定，但也算不上什么大问题，因此，在自己的房间里，她接入了一场电话会议。

住在她隔壁房间的那哥们儿拥有的是一个真正的下雪天。他放了一天假，他的女朋友也是。两人通过做爱来庆祝他们意外获得的自由日——非常大声、非常明显，透过薄薄的墙壁可以听得一清二楚。在这位女士的电话会议中也可以听得到。她一意识到发生了什么事情，就立刻手忙脚乱地点了静音键，然而为时已晚，所有人都听到了。

第二天，风雪平息了，每个人都回到了各自的工作岗位上，而在办公室，她却遇到了一场隐喻意义上的冰风冷雪。参与了那场电话会议的同事似乎整日都在回避她。有那么几次，有人在沿着长长的走廊向她走来时突然注意到了她，然后立刻掉头走向相反的方向。

"这个，"艾莉森·格林（Alison Green）告诉我，"可能是我在'试问经理人'上遇到的最尴尬的情况。"此言不虚。

自2007年起，格林在她颇受欢迎的在线建议专栏"试问经理人"上回答了数千个有关职场的离奇遭遇的问题。创立这个专栏的时候，格林还是华盛顿特区一家非营利组织的经理。当时的她意识到，我们大多数人在工作中遇到的最大问题是"老板在想什么"，而紧随其后的则是"我现在该怎么办"。"试问经理人"背后的想法是就这些问题向人们提供一些新见解。

这是一个好主意。现在，这个网站每月吸引约110万独立用户。格林还为《公司》（Inc.）和《快公司》等杂志撰写文章。2016年，她算是成了我的同事，因为她每周都为我们杂志上的"问问老板"专栏撰稿。在她收到的投稿中有一些格外不寻常。她说："我收到过一个人的来信，说她的一位员工告诉同事，她正在对他们施展魔咒。"而另一个人在信里抱怨说，她很确定自己的同事晚上兼职做性工作者，而且是在办公室的洗手间里见客。"那个人甚至好像并没有阻止这件事，"格林说，"她只是因为不得不（为她）遮掩而感到恼火，因为那时她不得不分担这位同事的工作。"

这些古怪的提问都很有意思，但我最喜欢的专栏倾向于以更加日常的办公室尴尬事件为根基：如果你意识到其他同事常常一起出去玩，唯独没有叫你，你该怎么办？或者，呃，要是想礼貌地告诉某人，你真的不想和他们一起出去玩，最好的方式是怎样的？如何判断什么时候适合开始进行薪资谈判？而当你真的去谈加薪了，你应该怎么说？

问题太多，明确的答案却很少。甚至有时候格林也会因她收到的一些信件而困扰，例如那个云雨之声响彻电话会议的问题。"你是否会在之后解释一下，例如'嘿，那是我的室友'？"她问道，"因为那也太尴尬了。"还是说，她应该建议写信人什么都不做，让这件事慢慢地被淡忘？

关于尴尬的不确定性方面，最棒也最糟的一点是，它很容易避免，而尴尬的另外两个方面却往往不尽如此。仅仅是一次简单的对话，就能像"无法逾越的鸿沟"一样改变你的视角，还能引发导致自我意识旋涡的紧张情绪。无论你是否努力了，你都会经常陷入那种令人畏惧的情况，但这种不确定性更容易被保持在一定距离之外。如果你不知道该说什么或者做什么，总可以什么都不说或者什么都不做。不说、不做总是选项之一。

我们生活中的太多方面都是如此，但是在本章中，我将重点关注工作场所中的不确定性。我这样做的部分原因是，工作场所是我们大多数人度过大部分时间的地方；还有一部分原因是，工作与我们的切身利益之间的关联是那么紧密而明确。对许多人来说，工作提供了衡量自我价值的标准；对于大多数人来说，工作还是我们的财富（或许还包括健康保险）的来源。与直接解决问题相比，忍气吞声（或者只是在网上宣泄一下）似乎是个更明智的策略。

和格林聊天时，我断断续续地回想起自己在工作中遇到的令人不舒服的问题。我在应对办公室的尴尬时刻这方面表现不佳。有一次，在得知我将得到意外的晋升之后，我有意索取能与增加的职责相称的更多报酬。我真的不知道该怎么提出来，而且我敢肯定，我并没有以最有说服力的方式来表达自己的想法。但我只管将我的意愿脱口而出，结果还真管用了（我并没有立即如愿以偿，但几个月后我确实加薪了）。

还有一次，公司里不同部门的几个人私下联系我，向我抱怨我的某位直接下属。他们告诉我，这个人言行粗鲁，不懂得尊重人，惯于公然藐视办公室规则，给他人制造额外的工作。在我们下一次的例行会议上，我打算把这件事提出来。我记下了这件事，做足了准备。离会议结束还有半小时的时候，我凝视着笔记本，上面有我用圆珠笔潦草地写着"谈谈态度？"之类的字样，但是我不知道该怎么说，于是我什么也没说。

假如社交生活是一场表演，不确定性就是一场即兴发挥。也许，正因为我们很容易逃避不确定性，所以它大概是尴尬中最危险的部分。你不用说什么，也不用做什么。大多数人都会理解你的，甚至可能希望你能发现机会，抓住它，因为你的下一步行动尚不明确。

但是，如果你选择放弃这次机会，你又会失去什么呢？

🐱🐱🐱

有一个常识：未知让我们感到不安。这也是心理学研究中一项得到确认的结论。以 20 世纪 60 年代的一项经典研究为例，在该研究中，受试者会遭受几次微弱但仍显痛苦的电击。在整个研究过程中，警铃不时鸣响，有时候警报声刚落，电击就紧跟着袭来，而另外一些时候则不是这样。总的来说，人们告诉研究人员，相较于突如其来的电击，他们更容易接受警报之后的电击。其他研究表明，人们报告称，不可预测的痛苦带给他们的感觉要比知其将至的痛苦更强烈，对这一发现的解读很难不走向隐喻的层面。很容易就能看出这与生活中某些最痛苦的时刻之间存在着什么样的联系，比如听闻某人死于长期疾病，我们所说的"我们早就知道会有这么一天"之类的话就是这个意思。

但是，对我来说，这也有助于解释尴尬带来的社交痛苦，以及为什么我们通常用来应对尴尬时刻的办法很管用。比如，有时候你会说句"这有点儿尴尬啊"，到头来事情往往也不会太糟糕。能得到一些预先提示还是挺好的。

或者看看另一个例子。不久前，我参加了一个社交活动。我知道这些活动很烦人，但也非常有用，因为我曾在新书发布会或新闻界聚会上结识了一些人，后来还和他们共事。在这个活动上，我一个人站着，等待我的朋友出现，这时，我注意到了另一个没有同伴的女人。"你好，"我对她说，"我注意到你也很尴尬地自己站着。"这句话就足以打破僵局了。我们逐渐聊得热火朝天，以至于等到我的朋友终于抵达时，她误以为这个陌生人是和我一起来的。

我们对不确定性的反应各不相同。20世纪90年代，两个心理学家研发出一种所谓的"了断需求"（need-for-closure）量表，用于测量不确定性对个体造成的困扰程度。其中许多问题都很直白——你喜欢结构吗？你讨厌无法预测的情况吗？——我想我们大多数人不必填写调查表也能凭直觉了解自己的立场。如果你渴望整洁、秩序和决心，那你就可能有着较高的了断需求；如果你能轻易改变自己的观点，能够接受神秘和混乱，并且思想更加开放，那么你可能对了断的需求很低。但其他相关研究表明，即使对我们当中那些不介意未知结局的人来说，某些特定情况也会提高对了断的需求。压力会使不确定性变得更加令人不悦，也会让人们因此感到慌促。

真正需要了断的缺点是，有时候不确定性实在太令人不愉快了，会让你为了方向明确地前进做出任何决定，即使那些决定是轻率或错误的。有些时候，有趣的问题比正确的答案更值得思考；还有些时候，正确答案根本就不存在。

这就构成了一次有趣的思维实验，但有时我会被困在里面，仔细考虑我拥有的所有选项，却从不采取行动，因为我无法决定到底应该怎么做。那些选项里没有一个让我觉得是完全正确的，也没有一个是完全错误的。有一个不重要但令人讨厌的例子：老板给我取了一个令我讨厌的绰号。她第一次叫出这个绰号时，我面前便出现了两条路。要么我接着进行尴尬的谈话，说我还是希望她叫我的真名；要么我就忍气吞声。我花了很多时间思考所有可以提出这个问题的方法，以至于忘记了把它真正说出来。然后事情就这样了，我拖了太长时间，一天天、一周周、一月月都过去了，现在提出来好像已经显得太晚了（仅就我个人而言，我确实认为有时候忽略掉鸡毛蒜皮的小事也无妨，但是如果你真的那么做了，你就必须放弃抱怨的权利）。

学会适应不确定性未必代表不去解决尴尬的情况。它通常只是意味着，在承认自己选择的道路未必完美的情况下仍然沿着它前进。这就是你目前可以做出的最佳选择。或者，也许你可以借鉴我处理办公室不确定性时的策略：在网上搜索我的具体问题，再加上关键词"试问经理人"。回答了十几年的读者问题之后，艾莉森·格林很可能至少已经解答过你的问题的某个相关版本。阅读她的网页多年后，我认为可以如此提炼她的建议：在尴尬的工作环境中，要尽可能地直截了当。她的回信总是以不同方式重申着这样的信息：解决这个问题的方法就是和那人交谈；现在就和那人谈谈；尽管跟那人谈谈就行了！不过，请及早开口，因为每过一天，谈论这个问题时的氛围就会变得更加古怪一点儿。

所以你不知道该说些什么。好吧。但你总该知道困扰你的是什么吧？这就是个开始。

对于本章开始提到的那个女人，也就是其同事在电话会议上听到她的室友做爱的声音，之后就表现得很奇怪的那位，她的问题让格林犹疑了一阵子，但最终，格林还是建议写信人直面这个情况：我真心为前几天我们通话里的背景噪声道歉。我有室友，还有一面薄墙，而且显然那天他们没去上班。我特别羞愧，非常抱歉因为那种事情扰乱了电话会议。以后他们在家的时候，我会更加谨慎地进行工作通话！几天之后，提问者回信报告说，首先，她的同事们本以为她在那个下雪天自己在家看色情片，真是让她惊讶。但格林的建议奏效了。紧张气氛消失了，这个不可言说的问题成了一个内部笑话。

这就是为什么那么多人都喜欢格林对待职场尴尬问题的处理方案。她为每一封来信中描述的不确定性都找到了快刀斩乱麻的手段。问题也许令人头昏脑涨，但是读了她的回答之后，你便会认为当然啊——显然这就是答案。"我一直很想解决尴尬问题，"格林告诉我，"但是就我个人而言，我并不认为那是正常行为。"我们中那些通过回避来应对职场（以及其他场合）中的不确定性的人，经常想象各种我们尝试解决问题却使情况变得更糟的可能：我们也许会得罪什么人，或者让自己紧张，或者冒着让自己看起来很愚蠢的风险。她说："很多时候，尴尬就是直面某些人们平时不会直面的事情。"

她无法肯定地说出，在选择直截了当地面对后，到底能得到什么样的结果，但她认为，坦诚地索求自己想要的东西总要强过徒劳地希望别人看到你的苦苦挣扎并提供解决方案。直接一点儿，她鼓励读者，而且要记住，这和无礼是不一样的。当然，要保持专业，并尽可能地友善，不过说到底，你只需要说出来就行了。你必须明言，因为正如我们在第二章中探讨过的，人们比想象中的更难读懂你的心思。工作中对你来说如此明显的问题，其他人不一定能察觉到。

然而，在讨论如何处理不确定性时，给不确定性留出一点儿余地也是有意义的。在大多数发生在办公室的尴尬情景中，尽可能地直来直去都有助于最大限度地减少不确定性。这就是我需要的，这就是我认为我们可以实现这一目标的方式。老话说得好：对事不对人。可情况并非总是如此，对吧？有时候事和人都有牵连。

❤ ❤ ❤

你以为我会写完关于职场尴尬的一章却不提到英剧《办公室》吗？英国版带给我的二手尴尬太强烈了（见第六章提到的阴影），我几乎看不下去，而让我最难受的场景发生在大卫·布伦特被解雇之后。在那集快要结束时，大卫带着他的狗出现在前公司。他以前的同事兴致勃勃地向他（或者是向那条狗）打招呼，直到他邀请所有人下班后跟他聚一聚。他朝着整个办公室喊话："有谁明天想去喝一杯？"

沉默。

"怎么样？有谁？"

……

"看来时间有点儿紧。那后天呢，喝点儿啤酒？"

……

"我觉得星期四挺合适。有谁想去？"

……

"你们觉得哪天合适？"

终于有人打破了沉默。"没人想和你一起喝酒。"坐在蒂姆（美国版的吉姆）旁边的女人说，"你都不在这里工作了。"

这就是职场友谊的本质：脆弱。在除去工作场所的结构后，许多人之间的友谊都脆弱到了无法维持的地步。"从某些方面来说，"艾莉森·格林告诉我，"这是发生在职场的尴尬情景中最令人尴尬的那种，因为它太令人焦虑了——这种情形更具个人色彩。"出于好奇，我在格林的网站上做了简单的搜索，以大致估算她建议别人"诚实"或"坦率"的频率。"直截了当"一词出现了370次，"直接"一词出现了818次。的确，有时候来信者自己也提及了这些词语，不过，我的意思是：格林喜欢直来直去。然而，即使是她本人也承认，当情况涉及职场友谊时，直来直去并不总是最好的选择。

就拿大卫·布伦特的场景来说吧。只是看着他做傻事并不让你痛苦，让你痛苦的是，他就是你，他就是你那容易受伤的感情。

他也是我。在之前的一份工作中，我和一位同事喝了酒。我自以为与对方共同拥有了一段"一眼看去便是朋友"的时刻。我们相约喝酒，那晚结束时却感觉像是经历了一次糟糕的初次约会，因为显然我俩赴约的动机并不相同。我以为那是迈向真正友谊的一步。我们有很多共同点！她喜欢跑步，我也是！她喜欢酒吧冷知识，我也是！然而，她一直把话题引向工作。有一次，她拿出手机给我看我俩共同供职的网站的重新设计，让我觉得无聊得要死。夜晚将尽，她告诉我她要付我们的酒钱，我将这个信号解读为表明我们之间关系的标志。这是同事之间的会议，而不是朋友间的消遣。

在工作中有朋友是件好事。我觉得你应该不会要求我用研究来支持这一论断，但我还是会这样做的，因为这方面的研究有很多。例如，"盖洛普 Q12 员工敬业度调查"是一份包括 12 道问题的调查问卷，旨在衡量职场的"健康状况"。这份问卷的第 10 题讨喜得令人惊讶：你在职场中有最好的朋友吗？如果有的话，根据盖洛普的研究，比起那些没有的人，你在过去的一周里因为业绩而受到某种形式的表扬或者认可的可能性更大。赞美也许来自你的好朋友。那样也算数。

我喜欢我在职场中的那些最好的朋友，我喜欢他们每一个人，无论过去、现在，还是将来。你永远不必独自去喝咖啡，你的生日肯定有人庆祝，你的新发型也不会被忽视。他们是你面对最令人尴尬的问题时最能信任的人。你有没有带除臭剂/牙线/卫生棉条/富裕的平底鞋？因为我只穿了运动鞋。既然是你来问，我带了，我最好的职场朋友。有一次我把钱包忘在了办公桌上，第二天早上，我给最好的朋友发短信，问她能否帮我把钱包送下来，因为我的办公证也在里面。她当然答应了。还有一次，在另一份工作中，我悄悄地问另一个最好的朋友，我脖子上的 ID 卡挂绳是否有猫尿味。当然有。如果你觉得它有猫尿味，那你已经有答案了。她的回答温柔地提醒了我。

一个最好的职场朋友会帮你挡住那些不必要的闲言碎语，挡住那些只会伤害你感情的东西，却会把你确实需要听到的信息提供给你。更好的是，她还会把偷听到的关于其他同事的琐碎八卦详细地讲给你，而且对于你任何发泄的需求，她全都会倾听（也许说阅读更合适，因为根据我的经验，所有这些往往都是在网上完成的）。不过万一你们做事手脚毛糙，这些好处就可能起到反作用。在很久以前的一次实习中，我最好的职场朋友向我发送了一条发泄怒火的即时消息，内容关于我们的上司，她却不小心将其发送给了……我们的上司。她一次又一次地道歉，但伤害已经造成了。那个夏天的晚些时候，作为回报，我无意间向她发送了一条关于她的刻薄短信，而我本来是打算把它发给我们以前在工作中认识的共同朋友的。

看起来，你应该从这些不幸中吸取的教训是别说闲话，但这似乎并不现实，也没有必要，因为聊八卦有益于公共利益。2014 年发表在《心理科学》（*Psychological Science*）杂志上的《绯闻与排斥现象促进群体合作》等研究认为，人们在被说闲话后会改善自己的言行举止，比发觉自己被排斥之前表现得更加合作。可以说，闲话还是管用的。也许你可以把在网上发的牢骚从社交软件上转移到私人聊天当中。顺便说一句，那会是一个多么激动人心的时刻啊。即时聊天在友谊的发展过程中的重要性是很难被夸大的。

所有的友谊在本质上都是不明确的。你俩并非被迫建立这种关系，而且你们中的任何一个都可以在失去兴趣之后结束它，这就是为什么友谊在存续期间是那么珍贵。然而，在《友谊的意义》（*The Meaning of Friendship*）中，哲学家兼作家马克·弗农（Mark Vernon）认为，工作中的友谊尤其模糊不清，因为归结起来，这种友谊的定义并非根据双方的共同喜好，而是其实用性。这种理解有助于解释工作伙伴之间发生的种种尴尬情况。我体验过的第一个办公环境是我大学的报社，即便在那个时候，我也已经注意到，我们学生编辑在那里组成的小团体并不完全基于地位。只要年轻的撰稿人表现出色，就可以和我们一起出去玩。弗农问道："为什么人们那么容易讨厌工作不努力或者给别人造成工作负担的同事，哪怕他们在工作之外可能挺讨人喜欢呢？"如果工作中的人际关系建立在你可以给予我的东西之上，而你给我的却是垃圾，那么我就不会以我的友谊来回报你。

这也是为什么我们在工作场合之外遇到同事总觉得很奇怪。不管我多么喜欢那位被我偶遇的同事，我的第一个冲动总是躲起来，或者错开视线，直到我们擦肩而过。如果我们无意间通过实用性定义了我们之间的关系，那么当我们处于一种将实用性变得无用的环境中时，我们又该如何看待彼此之间的关系呢？弗农写道："造成这种不适的原因是，对工作关系中的实用性以及使这种关系有意义的环境的剥夺，也消除了它们存在的理由。因此，在工作之外，人们会觉得很难明白该怎么处理相互之间的关系。"欧文·戈夫曼在其后来的著作《框架分析》（*Frame Analysis*）中指出，社会比我们想象的有组织得多。回到他对社会生活的戏剧化观点，在工作场合之外见到一个同事，就像看到《权力的游戏》中的丹妮莉丝穿着全套龙母装扮出现在《女子监狱》的号子里。这是你的大脑在组织性地理解世界时遇到的艰巨挑战。

人们总是承诺在离职后保持联系，但大多数人都没能做到，这难道不奇怪吗？即使是对那些我们真诚喜欢，而且确实很想与之保持联系的人依然如此。2007 年的畅销书《然后我们走到了尽头》（*In Then We Came to the End*）是由约书亚·费里斯（Joshua Ferris）几乎完全用第一人称复数形式写成的。书中，一家广告公司的员工一个接一个地被解雇。在最后一章中，一个叫本尼的角色收到了前同事汉克·内里的电子邮件。"这个名字很熟悉，"费里斯写道，"他知道他应该认识这个名字，但是他盯着它看的时间越长，就越难想起那到底是谁。"他没法将那个名字与具体的人对上号。我们遗忘的速度真的很快。

不过，即使在办公室范围内，友谊也可能依然难以驾驭。在谈论截止日期和项目信息之间，凯尔和他的老板——旧金山（不然还能是哪儿？）的一家初创公司的两位"千禧一代"——经常在聊天软件上开玩笑或是计划周末的喝酒小聚。"有时我们亲密得令我搞不清，他是在以老板还是朋友的身份跟我说话。"他在 2016 年接受杂志采访时说，"这两种身份之间的界限已经被混淆了。"凯尔辞职的时候，他的老板显然把这件事当成了私人矛盾，于是引发了几次紧张的谈话。这让凯尔后悔当初模糊了工作与友谊之间的界限。

凯尔和他的老板是组织心理学家所谓的"多重关系"（multiplex relationships）中的一个例子。2015 年《人事心理学》（*Personnel Psychology*）上一篇论文的作者将其定义为"将友谊与以工作为中心的互动叠加在一起的多方面关系"。他们的研究捕捉到了职场友谊的矛盾性，为盖洛普的问卷调查增添了细微的变化。

例如，这项研究确实发现，自称处于更多"多重关系"中的人往往表现得更好。但是，自称拥有最多的职场朋友的员工也"倾向于称自己难以维持人际关系"。他们还被记录有较高程度的情绪疲惫。这些人很难就不可行的想法或项目向朋友提供诚实的反馈。你不想让对方觉得自己很愚蠢，这既因为你关心她的感受和你们的友谊，也因为你知道自己的批评可能会改变她对你的看法。你曾是她的朋友，现在却只是个浑蛋了。

鉴于这些关系内在的复杂性，在对待职场朋友这件事情上，人们很容易赞同更为愤世嫉俗的自助想法，例如《福布斯》杂志2011年那个令人高兴的标题：《职场友谊是谎言的三个理由》(*3 Reasons Workplace Friendships Are a Lie*)。第一个理由是这样的："你不能与被你视为竞争者或者视你为竞争者的人成为朋友"。不过真是这样吗？我也可以和"真正的"朋友竞争。竞争可以被视为激励而不是威胁。

格林告诉我，多年来，她已经收到了好几百封关于尴尬的职场友谊的信件，足以让她将它们大致分为四类。大量的问题与抱怨者有关，这些朋友在工作中似乎总能找到一些需要发泄一番的新问题。或是关于操纵者，他们利用和你的友谊，将自己的工作转嫁给你。

然后就是"我不喜欢你那样"的情形，也就是别人真的想和你成为朋友，而你却不愿意。最后一种情况是"大家一起出去玩却没叫上我"的困境，即你发现同事们一起出去消遣，却没有任何人邀请你。

"我认为这些问题都没有完美的解决方案。"格林说，"目标是要尽量减少每种情形中的怪异感。"她仍然坚信应该保持直率,但在职场友谊方面,她建议最初的方式要缓和。对于前三个类别——抱怨者、操纵者和"我不喜欢你那样"的同事——你可以拒绝他们,但是要委婉。你可以推托于工作,说你太忙了,没时间听他们的抱怨,没时间做他们的工作,没时间下班后聚在一起喝酒。这么拒绝几次之后,大多数人都会明白的。

而对那些没明白的人,请尝试说得更清楚一些。你可以说抱怨令你厌烦,利用你的人也是一样,不过那些过于坚决地追求友谊的同事比较棘手。"我认为,如果你对这个人有些热情或好感,那么偶尔和对方一起喝杯咖啡是件好事。"格林说,"通常,我是直率态度的拥护者,但我更坚决支持以能让双方受到的伤害最小化的方式获得你想要的结果。"

至于那些感到自己被排斥的人:也许只是因为你是新人,或者你在公司中的角色让你被孤立了,无论是哪种情况,都有开始建立联系的方法。不要操之过急。如果你从未和他们在办公室之外相处过,那就不要邀请他们共进晚餐,那样会让他们觉得奇怪,但是一起喝喝咖啡、讨论一下工作项目是一个很好的开始。从这里开始,循序渐进。"你会收到你的行动是否奏效的信号,"格林说,"如果你从中得到了积极的信号……"她停顿了一下,"这听起来很像是在说你打算跟谁约会,"她说,"但是这个原则适用于很多事情!"每当你找到某个与你合拍的人——无论是浪漫的还是柏拉图式的——感觉都会有些神奇。再说一次,没有固定的规则,只有在没有规则时才适用的规则:请记住你想要些什么。这应该可以帮助你应付一部分因不确定性而生的问题。

此处暗含的挑战是，抛开促成这段关系的交易性、功利性，确认你们是否真的彼此喜欢。不过，若要为一段真正的友谊打下根基，这是个足够好的起步之策。在写这部分内容的时候，我碰巧收到了那位与我共度了一段尴尬而欢乐时光的女士发来的电子邮件，就是那位付了我们的酒钱，并不断将谈话从私人话题转向专业领域的女士。她想喝一杯，这并不意味着我们是朋友，但也不意味着我们不是。

我最近听到了一个关于熟人的前老板的故事。每当他的下属走进他的办公室，讨论诸如加薪或者晋升之类的事情时，他都习惯以沉默应对。安静、紧张的几秒钟慢慢流逝，工作人员之间开始流传一则笑话：他们反而往往自愿提出减薪或者降职，然后离开——只为结束那段令人难以忍受的沉默。

这件趣事一直在我脑海里挥之不去，因为我不难想象自己做出的反应会与这些紧张的员工相同。有时候，我觉得我会试图通过喋喋不休来摆脱尴尬的沉默。看着我，不要管这段对话间的停顿象征的恐惧、判断和含糊不明，看着我！毫无疑问，我的不安至少有一部分是文化层面的。如果你还记得第四章中提到的尴尬沉默研究，即研究人员发现说荷兰语和英语的人认为沉默约 4 秒后，这种对话中的停顿会变得令人不舒服。与此形成对照的是，在一项研究中，日语使用者让这种沉默持续长达 8.2 秒。说英语的人，尤其是我们美国人，都喜欢我们聒噪的闲言碎语。

这是一种过于笼统的说法，但我敢打赌，美国人对尴尬的沉默感到不舒服的原因之一是我们的个人主义天性，这是由我们的文化养成的。在这里，我得再次提到"无法逾越的鸿沟"这个概念。也许我们用自己的想象力填补了尴尬沉默带来的不确定性，猜测停顿可能会导致他人想些什么，尤其是他们可能会对我们产生什么样的想法。如第一章所述，谈判将使你自动进入这种思维方式，因为在生活中，这是你必须明确说出下面这种话的少数情况之一："这就是我认为我值得拥有的东西。你同意吗？"

薪资谈判策略的主题足够另写一本书，但是我想花一些时间探讨其中的一种策略。我认为这种策略与我奇特的怪异兴趣相关，因为它充满了不确定性和社会不适感：尴尬的沉默。我确实在本章前文中说过，有时对不确定性的恐惧会使我们陷入僵局，什么都不说。但是在这种情况下，"什么都不说"可能是最好的应对方案，从而成为害羞者、笨拙者和嘴巴不利索的人的秘密武器。

关于谈判，最近艾莉森·格林训诫过其读者的一件事情是，你未必总是能够从你的主管或者招聘经理那里得到明确的信号，让你知道现在正是谈判的好时机。"他们可能会为你提供这样做的机会，但也可能不会。"格林给一位得到了内部提拔的读者回信说。这位读者并不认为自己已经正式接受了该职位，但她的老板却显然认为她已经接受了。"因此，你得做好自己去说清楚的准备。"

女性格外容易受到这种不确定的形式的困扰。2012 年，哈佛大学肯尼迪学院一项针对 2500 名求职者的研究发现，如果一份工作清单没有特别说明工资可以商议，那么男性比女性更有可能进行谈判。但是，如果清单确实表明薪水是可以商量的，性别差距就消失了，男性和女性发起薪资谈判的可能性相差不大。顺便说一句，你大可不必担心自己给人留下过于咄咄逼人的印象。在 2014 年哥伦比亚大学的一项实验中，有 57% 的模拟谈判者认为自己的言行举止坚定而自信，甚至过于坚定而自信，而其谈判伙伴却认为他们不够坚定。这个例子再次说明，清晰地看待自己有多么困难。

有一种处理不确定性的方法是将其最小化。这里最显而易见的建议是进行研究，并在心里做一张记录着适合你的领域、角色和经验的图表。而不明显的建议是，接下来如何处理这些信息。

咨询公司"同酬谈判"的创始人凯蒂·多诺万（Katie Donovan）是尴尬沉默谈判技巧的拥护者。正如她所说的，"第一步是保持沉默，安静，或者闭嘴！"比如说，如果你得到了 4 万美元的起薪，而你知道这个职位的平均工资为 4.8 万美元，你可以这样说："谢谢您给我这个入职机会。不过，我对薪资有些惊讶。根据我的研究，我本以为起薪会在 5 万美元左右。"

这是一个很好的开始。在企业界，没有比"我有点儿惊讶"更能悄然致命的短语了。但是，只有在你说了这句话之后一言不发的情况下才管用。在这段停顿中，多诺万解释说，招聘经理可能会尝试弄清楚你有多认真，以及他还能把价码抬高多少。"请记住，"多诺万写道，"首次工作邀请很少会提供给你预想中的最高工资，招聘经理很可能有权在会谈期间提高薪水。"他们可能无法达到你要求的数字，但也要让他们亲自告诉你，不要因为替他们说这些话而贬损了自己。

利用沉默的另一种方法是：索求一段思考的时间。几年前，我采访了研究员兼畅销书作家布琳·布朗（Brené Brown），采访内容围绕着她于 2015 年出版的著作《成长到死》（*Rising Strong*）。她常常一次停顿几秒钟，似乎表明她正在认真考虑自己的答案，频率之高令我震惊。沉默不一定非要表达出对抗性才能奏效。

尴尬沉默技巧也有可能产生副作用，让你看起来摇摆不定或者社交无能，从而造成损害你形象的尴尬局面。而且，它并非在每种情况下都是正确策略。我最近在《姑息医学杂志》（*Journal of Palliative Medicine*）上读到了一篇 2009 年的论文，内容是当经验不足的治疗师试图"利用沉默"时如何得到相反的效果，因为如果临床医生对沉默感到不舒服，那么患者可能也有同感。

在针对本章前面提到的"了断需求"概念的研究中，人们发现有些方法可以应对不确定性造成的不适，这可能有助于你在策略性尴尬沉默中立于不败之地。在实验中，研究人员发现，当人们认为以后不得不解释或捍卫自己的决定时，他们会更容易适应不确定性。我不久前已经开始这么做了，后来我才意识到它是有心理学依据的。我做出一个决定，然后通过想象自己如何对其他人证明其正确性来确保这是最好的决定。这么做真管用。

1995 年的电影《爱在黎明破晓前》（*Before Sunrise*）中有一个场景，朱莉·德尔佩扮演的角色正在让算命先生看她的手相，对方告诉她："你得顺从人生的不完美。"我喜欢这句话，但是我希望能把"顺从"换成某个稍微乐观一点儿的短语。你可以花费时间和精力来避免社交或者工作环境中的不确定性，也可以"顺从"它，毫无热忱地接受这种不确定性。但我开始认为，在某些情况下，你可以利用它，甚至可以将尴尬转变为一种超能力，就像我朋友的前任老板利用令人不适的沉默所做的那样。

"我的建议是，你应该接受它，"格林说，"并发现其中的幽默感。"我们将在下一章中探讨，克服不确定性的最佳方法之一就是提醒自己这一切真有趣。如果你不能为尴尬之事开怀大笑，就错过了能写在你自传中的某些最佳趣事。格林提醒道："尴尬，要不了你的命。"

OG

嘲笑想象中那只弄洒了威士忌的杯子

"你不觉得现如今人们的衣服太多了吗？"那个假装拿着一杯威士忌的男人问。

"哦，不。"我回答道，还晃了一下手里看不见的酒杯以示强调。"恰恰相反，我认为人们的衣服远远不够。我自己就收集衣服。"

这是那种你也能创造出来的高质量喜剧场景，如果你也在曼哈顿中城的磁铁剧院报名参加了免费的周一晚间即兴表演课程的话。那是我的一句台词，那时我便已经打破了众所周知的即兴表演的唯一规则："是的，而且。"你应该接住搭档抛出的前提，然后在此基础上继续发挥。哎。

指导老师为我们十来个出席的人两两配对。我的搭档是一个矮个子的年轻人，身穿染着污迹的橙色 T 恤。他的发际线已经开始后退，但这也没能阻止他把干枯的头发留到及肩的长度。我们假装自己是奢华鸡尾酒会上的上流人士。指导老师看向我们的时候，我们就开始谈论给定的主题，也就是"衣服"。在我和搭档进行了精彩绝伦的交流之后，他向另外一个二人组示意，接下来又是一组，直到再次轮到我们。穿着橙色 T 恤的男人假装将饮料洒在衬衫上，在真实的污渍中间增添了想象的污渍。

"哦，不。"他说。他久久地看着我，扬起眉毛，好像在期待什么。我茫然地看回去时，他补充说："只是——你说你有很多衣服……"

然后我明白了。他想让我把衬衫脱下给他。这个长头发、发际线后退的小个子，实际上是在试图让我在一堂该死的周一晚间免费即兴表演课上，在一个满是陌生人的房间里脱掉衬衫。指导老师似乎和我同时意识到了这一点，他发出一声讪笑，迅速打断了对话："表演结束！"

这一切都很令人尴尬。我们开始进行另一项练习，分成三人一组，被要求相互模仿，其中一个人开始动作，另外两个人有样学样。我盯着那个过于兴奋的戴眼镜的人，他被推选为我们这个小组的组长。他大张着嘴，高举双臂，仿佛在假扮怪物吓唬小孩。他全情的投入还有对他人评价的彻底无视，让我从心底滋生出强烈的二手尴尬，以至于我感到自己触发了"战逃反应"，并开始认真考虑应不应该逃走，毕竟这是免费课程嘛。但是我留下了，而且冷静了下来，这是最奇怪的事情。从理论上来讲，我们在课堂上所做的一切似乎都是我讨厌的。哪怕现在回想起来，那些行为听上去也会被任何一个理智的人认为是空洞无聊的。模仿活动结束之后，我做了一个即兴演讲，题为《为什么总是早到的人比总是迟到的人更烦人》（我上课迟到了，所以我选择了这个话题，因为它仿佛会很有趣，然而并不是）。那晚结束之前，我不得不跳到一圈陌生人中间，带领他们演唱《甜美的卡罗琳》。

然而，关于这一切最令人尴尬的一点是我喜欢它。这感觉就像是某种尴尬暴露疗法，疗法的要义便是直面"天哪，我要说什么，我要做什么"的感觉，再弄清楚该如何承受它。我再次想起欧文·戈夫曼的理论，社交生活是一种表演。他认为我们所有人在很大程度上都遵循着预设的脚本行动，而在很大程度上我们也确实是这样做的，但在这里并非如此。每做一次愚蠢的即兴练习，即使事情转到了奇怪的方向，我也会放松一点。我在演讲过程中忘记了该说什么，于是不得不站在一群了无兴致的听众面前沉默了片刻。一个怪人试图让我当众脱衣服。而我仍然……安之若素？

这让我想起了 2015 年《废话》（*Nonsense*）一书的中心思想。这本书是科学记者杰米·霍姆斯（Jamie Holmes）将涉及令人难以忍受的不确定性的科学文献收集起来编撰而成的合集。他在书中认为，与其认真组织我们的生活，消除每一个不确定性，不如努力让自己逐渐适应未知。美好的生活"与成功或者失败无关"，他写道，"而在于我们是否处于学习模式之中，继续寻找不确定的事情，并将不确定性视为通向发明的大门"。有一种对尴尬的理解，认为它是由社交的不确定性引发的不适感，比如你在聚会上不知道该与谁交谈，或者在第一次约会时怎么也想不出来一句机智的话时就会出现这种感觉。然而假如说——这话听起来很老套，我对此感到抱歉，但我说真的——你可以重构社交的不确定性，让它开始感觉更像是"发明之门"，那又会如何呢？某次在课堂上，指导老师告诉我们："即兴表演会将你抛入一个毫无计划的情景，而你要弄清楚怎么才能知道该怎么演。"如果我可以在满是陌生人的教室里学会面对不确定性，那么我希望这也有助于我在日常生活中应付自如。也许有时候该抛弃戈夫曼的社交剧本，也许即兴表演可以帮助我弄清楚该说些什么、做些什么。

几年前，我曾与朋友克里斯蒂和萨拉一起到奥林匹克半岛进行过夜的背包旅行。离开的那个早晨，我们艰难跋涉，从露营的山谷里往外走。步行过程中，克里斯蒂没有抱怨，而是对我讲述了她如何训练自己对付各种令人恐惧或者不适的情景。"我就是告诉自己，"她说，"最后我会回到沙发上看电视。"课堂上，当我的模仿对象龇牙咧嘴地做出可怕的表情时，我想起了克里斯蒂的建议。我没有夺门而出，而是配合他做出了同样的表情。那晚结束时，我和一个女人结成对子，被要求创造这样一个场景：我们中的一个参与了高中校园剧的演出，而另一个没有。我们感觉自己就像是正在过家家的孩子，我为自己能得到那么多的乐趣感到惊讶。

几天后，我确实回到了沙发上看电视。这个课程本来只是一个有趣的小边注。坦率地讲，我去上课其实只是为了弄个小噱头，为了给你正在阅读的这一章添加一点儿色彩。我会写一些取笑这种课程的段落，然后回归正常生活。这项计划的问题是，我没有预料到我会打心眼儿里享受这次体验。我把笔记本电脑放在膝盖上，在浏览器搜索栏中输入"初学者即兴表演 纽约"的字样，很快就在一家名为"人民即兴表演剧场"（以下简称 PIT）的喜剧学校的网站上找到了相关课程。每周开课一次，持续 4 个星期，费用为 185 美元。没等认真考虑，我就输入了信用卡信息，并在几分钟内收到了确认电子邮件。它向我表示祝贺，因为我有勇气"跟随恐惧"。

我关闭了邮箱，没跟任何人说我刚刚做了什么。

🐱🐱🐱

2017 年初，第二城市剧院宣布了一项不寻常的合作项目：它将与决策研究中心（Center for Decision Research）携手合作。该中心是一家致力于研究决策与判断的心理学实验室，隶属于芝加哥大学布斯商学院。通过研究即兴喜剧改变人们的方式，并在可能时收集必要的证据来挑战那些夸大其收益的人，第二城市剧院将充当"弹出式研究实验室"，为心理学研究人员提供一种走出实验室，进入现实世界的途径。

"我认为哪怕在五年前，这样的对话都不会得出任何结果。"在宣布与芝加哥大学合作之后不久，第二城市剧院的执行副总裁凯利·伦纳德（Kelly Leonard）在该剧院 2017 年 1 月发布的一集播客中说。他指出，尽管即兴表演是一种始于 20 世纪 50 年代的艺术形式，但近年来它变得越来越流行。"我确实要向美国其他地区致歉，"他补充说，"因为有不少即兴表演是很烂的。"

在这个合作项目中，芝加哥大学教授尼古拉斯·埃普利（Nicholas

Epley）是关键人物之一，他的工作是我在第二章和第三章中提到过的视角研究。埃普利在播客中对伦纳德说，即兴表演和心理科学之间的"决定性重叠"（the critical overlap），是"你从头到尾都在进行实验操作"，这就是即兴表演本质上的全部内容。"参加即兴表演的人说：'让我们这样试试。让我们那样试试。'"埃普利继续说道，"而在实验中，我们所做的也无非就是让人们这样做试试，再那样做试试。因此，即兴表演的内在本身就包含科学的方法论。"

在我撰写这段文字时，从这种配对中得出任何结论还为时过早，但是埃普利和伦纳德对这些可能性进行了思考。在为糟糕的即兴表演的泛滥道歉之后，伦纳德说："我认为人们这样做的原因是，它确实让人感觉很好。我认为，事实上，它起作用的一种方式就是让你转而关注其他人。身为即兴表演者的一项重要条件，当然也是经验丰富的即兴演奏者的一个标志，就是具有接受站在面前的人的观点的能力。"

人们似乎已经开始意识到即兴表演也许能给人心理上带来好处。在 PIT 上课的第一天，我们的指导老师——他叫梅根·贝克，我们立刻就喜欢上了他——要求我们 18 个人在教室里四处走走，说说自己的名字，以及注册这门课程的原因。因为这是即兴表演，所以还附带了一个愚蠢的游戏：我们必须选择一个首字母与自己名字相同的形容词，并做一个与之相关的动作。"我来这里是因为我相当害羞、内向。"站在我右边的年轻人埃迪说，他的发言说出了全班大约一半学生的心声。埃迪选择的形容词是"热情的"（enthusiastic），而与之相关的动作是拍手。整晚，只要有人说出埃迪的名字，我们其余的人都会热烈鼓掌，令他笑起来，还有一点儿脸红。

在生活中，当我们不知道该说什么或者做什么时，或者当我们认为别人想从我们这里得到的东西与他们真正想得到的东西不一样时，情况可能会尴尬得要命。埃普利的大部分研究工作都专注于我们如何解读和误读他人。伦纳德在他们的谈话中指出，那些误解本质上就是一种搞笑——如果我们能以正确的态度、正确的眼光去看待的话。"想一想喜剧吧，它就是一种被颠覆的期望。"伦纳德说，"这些都是笑话，然而任何形式的喜剧设置都是这样的。你以为它会朝某种走向发展，它却走上了另一条路。通常，那另外的一条路会揭示一些你也许未曾想到的某种程度上的真理。"

2013 年，宾夕法尼亚大学的心理学家戈登·伯曼特（Gordon Bermant）在学术期刊《心理学前沿》（*Frontiers In Psychology*）上发表了一篇题为《（没）有防护作业：即兴表演与增强幸福感》[*Working With(out) a Net: Improvisational Theater and Enhanced Well-being*] 的论文。他在其中论证到，即兴表演与应用心理学中的多个方面（包括心理治疗）相似。例如，即兴表演中的"是的，而且"法则相当于治疗对象和治疗师之间的"无条件积极关注"（unconditional positive regard，UPR）关系。

"一想到自己要走上台去随机应变，人们可能感到恐惧，那就是在没有防护条件下作业的感觉。"他写道，"但是，在即兴表演中找到支持的来源，可以减轻对失败的恐惧。支持的来源便是，意识到自己在舞台上只需要对表演搭档负责，而对方只需要对我负责。

在之前介绍过的术语中，UPR 和'是的，而且'是对等的……从任何方面来说都是。如果所有人都能真心实意地彼此配合，那么对失败的恐惧就没那么令人难受了。"

🐱 🐱 🐱

两名年轻女子依次离开办公楼，走到公共人行道上。走在前面的那个用动作示意后面的那个站在靠近街角的树下，后者照做了。站定之后，她回头看向她的同伴，一手向下指，好像在说"是这儿吗"，另一个女人点头答复。于是，树下的女人把手塞进了她的冬季外套，开始做她原本计划出门要做的事情。她唱起了歌。

"玛丽有只小羊羔，小羊羔，小羊羔，玛丽有只小羊羔，毛色洁白如雪。"汽车从她身后驶过，她放声歌唱，"无论玛丽去哪里，去哪里，去哪里，无论玛丽去哪里，小羊羔必定跟着她。"

她深吸一口气，又从头开始唱。"玛丽有只小羊羔，小羊羔，小羊羔，玛丽有只小羊羔，毛色洁白如雪。"她继续唱着，一个身穿大衣的男人拿着一杯外带咖啡从她身边经过，但她仍然继续唱，"无论玛丽去哪里，去哪里，去哪里，无论玛丽去哪里，小羊羔必定跟着她。"

唱到第三遍的时候，一个人骑自行车从歌手身旁经过。她的声音颤抖了片刻，但没有停止。"无论玛丽去哪里，小羊羔必定跟着她。"她终于唱完了，她的同伴鼓起掌来。

"玛丽有只小羊羔"的噱头看起来像是只有在偷拍节目《好友互整》中才不会显得出格。在那个节目中，四名喜剧演员会设计出自己在公开场合可以做到的最愚蠢、最尴尬的事情，然后去做。不过这是"暴露社交灾难"的一个例子，是我在即兴表演中的偶然发现的真实临床版本：对尴尬时刻的暴露疗法。更具体地说，它被设计来帮助患有社交焦虑障碍的人，这种状态被诗意地定义为"错失良机紊乱"。大多数人都讨厌尴尬，但是社交焦虑障碍患者对其恐惧程度之严重，已经到了能有效损伤其生活质量的程度，因为他们恐惧尴尬，所以会避开社交场合。这是我们大多数人的共有经历中一种极端且往往后果严重的版本，这说明有助于他们克服严重恐惧的方法说不定也能帮到我们其他人。

为了准备一篇发表在"我们的科学"栏目上的文章，波士顿大学焦虑与相关疾病中心的社交焦虑项目主任斯蒂芬·霍夫曼（Stefan Hofmann）对我介绍，社交焦虑障碍患者对与他人的交往怀有极端的，且往往是非理性的恐惧。"他们相信存在着一些每个人都得遵循的社会标准和社会规则。因此，他们生活在这样一个很逼仄的信念限制内：超越那些无形的社会界限会导致长期的灾难性社会后果。"霍夫曼认真对待患者的担忧，深思他们是如何想象自己在别人面前表现得愚蠢或荒谬的。他倾听那些恐惧，然后让他的患者一头撞向它们。

霍夫曼和他的临床医生同事团队使用一种暴露疗法治疗他们的患者，这是治疗社交焦虑障碍的全部（12~16次）认知行为疗法（CBT）的一部分。想象一下你在公共场所可能遇到的最令你尴尬、最令你无地自容的事情，现在再想象一下你真的要去做那件事情。

这与治疗强迫性障碍的方法很相似。作为 CBT 的一部分，精神科医生会与他们的强迫性障碍患者合作，解决给他们造成困扰的任何强迫行为或者执念——也许是不再三检查自己是否真的拔掉了卷发棒的插头就离不了家；也可能是无法把注意力离开自己的智能手机，一遍遍地检查短信或者社交媒体消息。而 CBT 的方法就是：别再老是回去检查卷发棒了，或者别再一晚上查看十来次推特评论而忽略身边的伙伴了，如果你只是……反正别那么做就是了。一小时不看手机又如何？一晚上不看呢？一个周末不看呢？你能忍受多久？

暴露社交灾难的原理就和你以前听说过的任何一种暴露疗法一样。"你反复地或者长时间地呈现出人们害怕的刺激物或者情况，"霍夫曼解释道，"结果是，当你一次又一次地或者长时间地重现被惧怕的刺激物时，人或者动物，或者任何有机体的恐惧反应就会慢慢减弱。"通过反复接触，蜘蛛恐惧症患者不仅可以和狼蛛待在同一个房间，甚至还能拿起一只蜘蛛，而且是徒手。既然如此，他解释道，为什么同样的想法不能适用于社交恐惧障碍的治疗？

这种暴露疗法可以采取各种形式，因为它们是针对每个人最深的社会恐惧量身定做的，但每个人的治疗都从同一个基本任务开始：公开演讲。尽管世界上还有其他令人恐惧的事情——尤其是在 2016 大选年，在查普曼大学 2016 年版的美国恐惧年度调查中，25% 的受访者仍然将"公开演讲"列为他们最害怕的事情之一，报告称他们要么害怕公开演讲，要么非常害怕公开演讲。在社交焦虑诊所，大部分患者都是分组工作的，他们成了彼此天然的听众。每个患者的演讲都经过组织，确保能够触及其最害怕的特定事物。他们害怕自己显得傻乎乎吗？好啊，那么他们就必须谈论一个他们所知甚少的话题，而且只给他们最少的时间去准备。他们会分到一个庞大而不可知的话题，比如黑洞，或者约会。他们害怕舌头打结或者思路中断吗？太好了，这代表他们必须在演讲过程中故意结巴或者停顿很长时间。

再往后，事情变得更加离谱，因为很快他们就得进入现实世界。每个患者都会和一名治疗师合作，专门针对自己最深的社会恐惧——比如看上去傻乎乎、比如成为关注的焦点、比如引发一场喧闹——定制练习。这种疗法并非源自《好友互整》，但老实说，也已经足够接近了。霍夫曼告诉我，几年前他看到了一个类似的系列，引发了他的思考。"人们在别人面前做非常尴尬的事情，然后观察别人对此的反应，"他告诉我，"我想，哦，这主意太棒了。我想知道我是否能让我的社交焦虑障碍患者们也这么做。如果他们能做到这一点，他们就能做到任何事了。"

以下是霍夫曼诊所的患者使用过的一些真实暴露场景：

▼ 去书店对一个员工说："你好，我想找关于放屁的书。"

▼ 在餐厅打断一帮人的谈话，请他们做你的听众，好让你练习伴娘或者伴郎的致辞。

▼ 站在波士顿芬威公园的大门口，问 10 个路人是否知道芬威公园在哪儿。

▼ 给附近的五星级酒店打电话，商谈一个度假套餐，要包括一场球赛的门票、一趟市内马车旅行以及铺满整张床的玫瑰花瓣，然后拒绝对方的出价——也不为此道歉——因为你"改变主意了"。

▼ 去一家拥挤的餐馆，坐在吧台前，然后问你旁边的人是否看过电影《当哈利遇到莎莉》，是否知道这部影片的主演是谁。

▼ 遗憾的是，由于影视租赁连锁店百视达的倒闭，这一条已经不再适用，但仍然很搞笑：从百视达租一张影碟，走出店门后立即折回来，告诉刚刚为你服务的那位员工："我想归还这张影碟，因为我刚刚想起来我没有影碟播放机。"

▼ 问药店柜台要一些安全套，然后说："这就是你们这儿最小的尺寸吗？"

霍夫曼的暴露社交灾难目的不是恐吓患者。关键在于让他们仔细思考，到底是什么让他们害怕成那个样子，以及他们的恐惧是否被夸大了。他告诉我，重要的是调整好每次暴露的程度，让它不仅仅是一场游戏，而要让它必须以符合认知行为疗法的方式解决每个人的特定焦虑。在暴露之前，他会要求患者预测其他人的反应，之后再要求他们回忆人们实际上的反应。"你要把他们预期会发生的事情当作目标——'如果我那么做，人们会对我尖叫，或者把我赶出书店。'"他说，"顺便说一句，在大多数情况下，什么坏事都没有发生。但是，即使尴尬的情况发生了，而且确实偶尔会发生，那就更好了……因为那样的话，接下来又会发生什么呢？"

他继续说："我们创造的情况不会导致真正的灾难性后果——

你不会被抓进监狱，不会被解雇，也不会离婚。我们只选择在更大的社会规范范围内仍可被接受，但很尴尬的情况。就算有人对你尖叫，那又怎样？有人对你尖叫又不会要了你的命。"他声称自己诊所的治愈率为70%~80%，这意味着经过12~16周的治疗后，患者的状况不再符合社交焦虑障碍的诊断标准。"我们一开始很犹豫，因为我们认为，哎呀，我们搞不好会给别人造成心理创伤，或者他们可能根本不会这样做。"他说，"但事实上，只要你和他们一起做了最初的几个练习，他们绝对会欣然接受，并爱上这种疗法。"

2013年发表在《认知和行为实践》（*journal Cognitive and Behavioral Practices*）期刊上的一篇论文中，霍夫曼和三位波士顿大学的合著者介绍了一个关于41岁的社交恐惧障碍患者玛丽（化名）的相关案例研究。读到玛丽必须做的一些事情——包括上文列出的练习伴娘致辞的场景时，我忍不住笑了，然后我对自己的笑感到很羞愧。我对霍夫曼说了这件事，他说这至少是这种疗法的部分意义所在：帮助人们不再那么严肃地对待自己。"我们希望他们能培养出一种健康的搞笑感，在生活中保持幽默，并且能够为此开怀大笑，"他说，"因为那些事情绝对每个人都会碰到。"

霍夫曼的项目是一种设计严格的认知行为方法，用于帮助人们战胜社交焦虑障碍，这是一种公认的精神障碍。对于患有严重社交焦虑障碍的人来说，心理健康专家的治疗是关键。即便如此，我们这些对社交情形怀有更典型的恐惧的人也可以从霍夫曼的剧本中抽出一页来放松一下。针对更加日常的社交尴尬案例，你可以设计出个人版本的霍夫曼式暴露社交灾难。你能想象的最糟糕的社交状况是什么？好吧。现在去试试。

在我尝试即兴表演之前，我能想象的最糟糕的事情就是尝试即兴表演。因此，本着霍夫曼的精神，我如此尝试了。

🐱🐱🐱

人们能够习惯的事情令人吃惊。我在 PIT 上完第三节课后，回到家里，向安德鲁汇报了课程的最新进展。"这次我们练习了'三句场景'。"我吹嘘道。一个人喊出某个主题——学校！或者飞船！——我们用三句台词构建一个小世界。规则是，在三句台词之内，我们要确立彼此之间的关系以及各自的位置。迅速交代清楚这些背景可能是个复杂的任务，这通常意味着我们会用到很多台词，比如"哦，你好，飞船修理工同事"或者"嘿，兄弟，这天气太适合在这个湖上钓鱼了"。我希望安德鲁会佩服我，但他只是被逗笑了。

"我认为你已经培养出了异常高的尴尬容忍能力。"他说，"你知道你说的是业余即兴表演吗？我认为没有什么比业余即兴表演更让人尴尬的了。"

我思考着他的话。最初的两节课让我紧张得胃都扭曲了，之后回到家里我甚至都无法忘记自己在课堂上说过或者做过的一些蠢事。例如，在第二节课结束时，老师梅根让我们围成一个紧密的圆圈，然后要求每个人都跳到中间，分享一个自己的尴尬故事，而班上的其他人要欢呼鼓掌。我应该预料到的是，这些故事多半会以这样的话开头："高中时，有一次，我喝得实在太多了……"

我高中时没喝过酒。我直到 21 岁生日前才开始喝酒，因为十几岁的我是一个刻板的循规蹈矩者，成年之后我有时候还会为自己的这种人格特质感到尴尬。当我的同学们一个接一个地讲述自己年少时代的酒后作怪时，我想如果我的尴尬故事是关于不喝酒的，那会很有意思。没等仔细考虑，我跳进圆圈说："我直到 22 岁才喝酒！"这其实算不上有意义的故事，甚至也不算事实的故事，但是每个人都欢呼鼓掌，就如同对其他人一样。那时候，我已经读过好几篇关于聚光灯效应的研究，所以我告诉自己，没人注意到，就算有人注意到了，也没人在意。但这并没能阻止那段记忆在我脑海中盘桓了好几天。

并不是说我们第三节课上的活动就没有那么尴尬了。我们假装做三明治，站在全班面前，互相（故意）给出不好的建议，"三句场景"似乎也不是很精彩。有一次，热情的埃迪和我得到了"感恩节"的提示，于是我以"嘿，室友，你应该和我一起去我父母家过感恩节"开场。他思考了片刻，想出了"好的，而且……我会带礼物来"。我停顿了一下。"好的，还有……"我说，然后又顿住了，"是的，他们喜欢葡萄酒。"然而不知何故，这时的感觉不那么尴尬了。毫无疑问，这是因为我已经领悟了一套承受不适的指导方针，其中一些准则在即兴表演之外也值得牢记心间。

我在本章前文中提到过，"是的，而且"是一条众所周知的规则，即使是从未参加过即兴表演课程的人也会听说过。在即兴表演的情境中，这意味着你同意你的搭档引入的概念，然后你还要通过加入新的东西来丰富场景。在我和埃迪（诚然很乏味）的场景中，我对"是的，而且"规则的贯彻是，接受这样一个事实：他会带一份礼物去参加那场想象中的感恩节盛宴，然后我又添加了一个细节——礼物是一瓶葡萄酒。

在日常生活中，我会更多地思考这条原则的隐喻意义。"是的"部分有点儿像"活在当下"这种当代陈词滥调，因为它让你接受你所处的现实，甚至还意味着接受事实的不确定性。某些事情现在可能尚不明确，但这并不一定表明它会走向负面。

至于"而且"，我开始认为它可以被理解为，在当前情境中增加我自己的诚意。在某些情况下，尴尬会让我显得冷漠或者心不在焉。我不知道该说什么，于是什么也不说。对我来说，这个词——"而且"——的意思提醒我，即使我说得不好，我也可以通过说出自己的意思来推进对话。在某种程度上，这是艾莉森·格林的建议的一个版本：直截了当地面对尴尬的局面。

还有倾听！花更多时间倾听你面前的人正在说的话，而不是疯狂思考你接下来该说什么。在即兴表演的情境中，如果你没有注意到搭档暗示过你们两个正在校车上，因为你想出了一个只有在超市才有意义的笑话，那么你在之后的表演中都得试图把想象中的校车开到超市去。这对你的观众来说会是一个无聊而混乱的场景。

在现实生活中，这首先是不礼貌的，而且还提高了闲聊的难度。人们为不得不生硬地闲聊而抓狂，但只要你注意倾听，就会容易得多。倾听可能会帮助你找到可以展开话题的共同点，也可能会帮助你在别人讲的话里找到可以提问的有趣东西。如果你学会了如何正确运用，闲聊就可以成为一件非常吸引人的事情。在我 20 岁出头的某个周五晚上，我和一帮人一起出去玩。那时候大多数的周五晚上，我们这些人都会一起出去玩，但是这次有个哥们儿带上了他的表亲。小团体中的大多数人都不愿意跟她聊天，但在包厢里，我被困在了她身边，所以我就尝试了一把。结果，我得知她有一份我听说过的最不寻常的工作：环游世界，寻找稀有而独特的花，然后带回实验室研究。谁知道还有这样的工作呢？反正我不知道。

还有一条我私自借用的规则：没有错误，只有机会。蒂娜·菲（Tina Fey）在《女老板》（Bossypants）一书中曾经简略地表达过这一观点，她指出"世界上许多最伟大的发现都是偶然的。我是说，想想里斯发明的花生酱杯，或者肉毒杆菌毒素"。菲没有就此展开更加深入的探讨，但在我离开那个小小的班级之后，这对我来说也许已经变成了最重要的理念。在即兴表演之外，这可能意味着接受，甚至期待不完美，并且乐于适应它。

最后一堂课结束后，我们大多数人在上课的建筑外面流连。我认为，如果有人提议去喝一杯，我们所有人都会去的，但是每个人都太害羞了，所以在尴尬地站了几分钟之后，大家都各回各家了。我和两个女同学，尼吉特和本斯一起沿着第六大道往北走，我已经渐渐喜欢上了她们。她俩来这里的原因和我一样，不是为了做演员，而是想在日常生活中放松一下。我想我们都是来这里交朋友的。

尼吉特询问我们两个，即兴表演是否"奏效"了——我们有没有觉得课堂以外的生活发生了变化。本斯认为是的，她的工作效率更高了。我同意，并补充说，对我来说最大的惊喜是，课程提醒了我，让自己变得有趣的努力很少会管用（说实话，我认为我们三个人在谈话中有意识地践行着"是的，而且"原则，先同意对方，再做补充）。"你呢？"我问尼吉特。她笑了。"昨天在工作中，我的两个同事在跳舞，举止疯狂。"她说，"通常情况下，我会对此视而不见，但昨天我也开始加入他们了。"一点一点地，她对意外状况的恐惧开始减轻了。而我呢，我想也一样。

🐱🐱🐱

一个和我差不多大的女人独自走进餐厅，走向吧台。她是杰西卡吗？她可能是杰西卡。她环顾四周，好像是来和谁会面，但还没有看到对方。"杰西卡？"我喊道，还在吧台尽头的座位上轻轻挥了下手。她看着我，皱起眉头，迅速摇了摇头。她不是杰西卡。

在完成即兴表演课程的那个夏天，我对尴尬的研究也接近了尾声，这时我意识到了一件事：再也没有什么事情能让我焦虑不安了。我现在可以做些曾经让我痛苦的事情。听到自己的声音曾令我感到难堪，但就像我在第一章结尾提到的那样，我已经可以面不改色不跳地听自己的采访录音了（好吧，基本是这样）。在工作中，我开始直面那些含糊不明的情况，而不是回避它们。有时候我仍然会遭受难堪发作的困扰，但现在我已经知道该如何抗击它们，减轻它们对我的伤害。我上了一门即兴表演课，该死，整整 4 个星期都坚持了下来，比我大约一半的同学都久。

现在还有什么能让我感到尴尬？这时候我想到一个主意：为什么不尝试寻找一下呢？

出于好奇，我给自己安排了一个实验：尴尬的 7 天。规则不怎么严谨，但我决定将斯蒂芬·霍夫曼的指南和我刚刚学到的即兴表演规则融合在一起。我会幻想某种社交环境，并在接下来的一周里让自己投身其中，无论我想到什么，无论多么奇怪，我都必须对自己执行"是的，而且"原则，这意味着我必须同意这个想法，并且全情投入。不能不情愿，也不许半途而废。

于是我来到了这里，在苏豪区的一家酒吧里等待着杰西卡。2016 年 1 月，我注册了一款名字有点儿让人困惑的软件"嘿！维娜"，对这款应用最贴切的描述是"跟约会应用差不多，不过是为了友谊"。更确切地说，它是为了女性之间的友谊，而且它的操作方式的确像约会应用一样，向左滑动即可拒绝某人，而向右滑动则表明对对方有好感。刚刚注册该应用的时候，我很开心地滑过一位又一位女士，但是一旦有人提议在现实中见面，我就退缩了。现在，由于我给自己安排的尴尬周，我遇到了相反的问题。

"我今晚有空！下班以后？6 点 15 分左右？"我给一个叫丹妮娜的女人留言。她当天晚上没空。

"另选个工作日可以吗？"她回答。

"哦，好的，没问题！"我回复，"其实我这一星期都很自由，所以哪天都行！"她没再回信。这已经成了一种模式。

但是，杰西卡和我一样热切。我俩在星期一配上了对，星期三就到酒吧见了面。在我把另一个女人误认为我的尴尬约会对象的一两分钟后，她到了。杰西卡坐下来开始看酒单，我让她品尝我的维蒙蒂诺。她要么没听见，要么听见了但决定不理我，这很公平，因为在说出来的那一瞬间我就意识到自己的话有多么不着调了。谁会在一个刚刚认识30秒的人的酒杯中品尝一口呢？

"所以，"她点单后说，"这有点儿奇怪，对吗？"

"太奇怪了！"我说，"你为什么想要尝试这个？"她告诉我，这座城市对她来说还有点儿陌生，她从宾夕法尼亚州搬过来还不到一年。通常她会在工作中结识朋友，但在这里，她的所有同事都比她大至少10岁。另外，她通过一个约会应用软件认识了现在的男朋友。为什么不尝试用这种方式结交朋友呢？我们度过了愉快的时光，谈论工作和各自的美发沙龙，以及我们两个都已经有多久可耻地不去美发沙龙了。酒保来了："女士们，还想再来一轮吗？"

"你还想再来一杯吗？"我问她。我想再喝一杯。但是她说不，不久之后我们就离开了。

那天晚上晚些时候，我尝试了我的下一个挑战：独自用餐。我以前做过这种事情，但仅限于在吧台，那里通常还另有至少一个独自用餐者。预订一个人的座位，然后在一间繁忙的餐厅里坐在一张单人桌旁，这看起来应该足够古怪，于是我便那么做了。我选择了联合广场咖啡馆，这多半是因为我最近读了《你要像喜欢甜一样喜欢苦》（Sweetbitter），而且非常喜欢。这本书就是作者在那家咖啡馆里做服务员的时候写的。

坐在桌旁，食物上桌之前，我环视了一圈餐厅的其余部分。这是一个忙碌的夜晚，每张桌子都坐满了。我努力遏制着用手机让自己有事可做的冲动，好像那样算是作弊，但坐在这里不看手机又感觉几乎有些反社会。我坐在这张位于角落的桌旁凝视着其他食客。几分钟后，我决定如果手机能帮我推进"尴尬周"的话，我就可以给它破个例。我从包里拿出它，打开脸书私信，给史黛西留了个言。在我本周可以做的令人畏缩的事项清单上，有一条是"尝试修复一段友谊"。史黛西（假名）是我高中时期最好的朋友之一，但是毕业后不久就不再和我联系了。当时她从另一个社交平台上删除了我，然而最近又在脸书上添加了我，所以……看看能有什么进展吧。"又联系上你真是太好了！"我写道，"你近来怎么样？"

我还在认真构思这条私信的时候，服务生过来了。他是个年轻小伙子，一头蓬松的棕发，金属框眼镜后面透出和善的目光。他端来了面包和黄油，还有一小碟橄榄。"那么，你今晚从哪里来？"他问。从他的语气来看，我认为他期望得到一个有趣的答案，比如我是从外地来的，那样就可以解释为什么我一个人在这里。

"呃。只是——工作上的事情。"我说，"漫长的一天！"通常，我与服务员沟通的能力要比这强，但是，在我差不多承认了自己不是外地人之后，我发誓我在他的眼睛里看到了怜悯，尽管我知道第二章提到的神经科学家丽莎·费尔德曼·巴雷特会告诉我，我只是在猜测他面部表情的含义。他离开了，我点击"发送"，把留言发给了史黛西。很快，我的开胃菜来了。事实证明，独自用餐的尴尬只会持续到你点的餐到来之时，然后你就会很痛快了。桌上所有的食物，都是你一个人的。我在面包上抹了少许黄油，然后意识到桌旁并没有其他人与我共享黄油，于是又多抹了一些。

等待账单的时候，我又看了下手机，发现史黛西已经回信息了。她说："我要去上课了，但是我一下课就回你消息！"我上次见到她的时候，我想起来，也是在一家餐厅。我们上了同一所大学，可刚入学几个星期，她就开始和我保持距离。现在回头想想，我明白了。大多数人在高中毕业后都想重塑自我，而她可能不希望我老是在她面前晃悠，让她想起年轻时的自己。那是一所大学校，只要你愿意，避开一个人还是很容易的。大三那年的秋天，我在学校附近的一家餐厅见到她，但我们都假装没有注意到对方。现在她又回来了，在我的手机里。

接下来的几天里，我在周末的夜晚独自看了场电影。我与地铁站里的陌生人搭过两次话，但都没成功，不过也许我已经料到了这个结果。我对一个等着推自行车上地铁的人说："推着自行车在车厢里是不是不太好找地方啊？"他喃喃地回应了一些我没听清的话，现在我在想，他是否认为我是在以被动攻击的方式告诉他，人们推着自行车上地铁是有多烦人？也许我在潜意识里就是这么做的？不管怎样，当时我没有追问。另一天，另外一个人坐在我身边，手忙脚乱地摆弄着一个大相机包、一个三脚架和一个似乎装满了能量饮料的运动水壶。我说："东西不少啊！"他嘟哝了一声，以示回应。

我也让自己进行了一些社交活动。我和一位编辑见了面，除了我喜欢她经营的网站，并希望听她聊聊那个网站之外，没有什么其他的理由。我还用"嘿！维娜"在另一个酒吧定了个约会，这次是和一位名叫苏菲的女士，她住的地方离我只有两个街区。她刚从蒙大拿州搬过来，她这个人可以被形容为"化为人形的微笑机器"。

"我觉得每次新认识一个人，"她说，"你都能从对方身上学到点儿什么，哪怕你们并不合拍。"从苏菲身上我了解到，尴尬的沉默也不一定真那么尴尬。"让我们想想，还有什么，还有什么。"当我们的对话陷入僵局时，她就会这么说，而且还挺管用。我们会找到其他话题，继续聊下去。在我第二杯酒还没喝完的时候，我对她讲了关于我的尴尬周的事情，她听得非常开心。夜晚分别时刻，我们交换了号码，然后拥抱道别。一点儿也不尴尬。实际上，我们做的所有事情都不曾尴尬到过分的程度。曾经让我畏缩的一切都失去了力量。我感觉自己无敌了。

🐱🐱🐱

第二天早晨，我和朋友米娜抽出片刻时间一起喝了杯咖啡。听说我这一周都做了些什么之后，她的身体实实在在地缩了一下。她的反应是令人愉快的全面检查，证明"尴尬周"确实足够尴尬，只不过我没有感觉到。"我觉得我已经对尴尬免疫了。"我说。直到我告诉她，她才知道自己也是我实验的一部分。我们在她工作地点的自助餐厅里喝咖啡，我以前也在那里上班。我以为再次进入那栋建筑物感觉会很奇怪，因为我随时都可能会遇到前同事，而对方会因为我的出现纳闷得不行。我确实看到了一些老同事，他们也感到有些奇怪。但那种情形最多也就是有点儿尴尬而已。

"我以前很怕坐飞机。"米娜说，"但是有一年，因为工作的原因，我不得不多次乘坐飞机，而现在，"——她耸耸肩——"这件事已经不再困扰我了。也许你的情况就是这样。"

我想她可能是对的，但我还有最后一个想法。

好像每隔几个月，就有某位记者决定以第一人称写一篇有关专业拥抱者的文章。那些专业拥抱者提供"非性相关拥抱课程"，称其具有治疗作用，能让人获得与他人接触带来的心理和生理收益。这些报道经常提到一个名叫 Cuddlist.com 的网站，该网站帮助人们与"经过认证的专业拥抱者"建立联系。这些报道中的大多数还提到了这种体验有多么尴尬。太棒了。在与米娜喝过咖啡的下午，我提交了问卷，预约了与艾玛的会面。

坐地铁时，我开始为你正在阅读的这一部分打腹稿。"我是在与一个陌生人举止亲密的时候意识到：我已经失去了感到尴尬的能力。"这是开头。我开始有点儿怀念那种曾经熟悉的感觉。它仍然会出现，但是已经没了锋芒。总的来说，这是一个很大的进步，因为这意味着我可以应对那些曾经困扰我的挑战。在经过工作中的一次改组之后，我发现我搞不清自己的老板是谁了。我必须承认这是一件荒谬的事情，要是在过去，我什么也不会说，宁愿等待工作环境中出现线索供我自行解释。相反，现在我开口问了。确实有点儿尴尬，但是谁在乎呢？这就是我需要做的。

然而，随着拥抱预约的临近，我越来越没有自信了。

如果拥抱客户亲自上门，而不需要她来跑腿，艾玛（现在她的名字已经改了）就会给对方折扣。走进她的公寓时，我开始责备自己贪图便宜。这是一个可爱的居所，装潢以暖黄色为主色调，但事实是我在一个陌生人的公寓里，这让我越来越不舒服。我害怕尴尬，也害怕在一间陌生的公寓里被谋杀。我要求使用她的洗手间，在那里，我盯着镜子里的自己好一会儿。你可以走了，脑海中有个平静的声音说。

但是我没有。我将鞋子放在玄关，然后沿着狭窄的长廊走向艾玛的客厅。她向我阐述了自愿的重要性，我对此表示赞同（所有其他记者的文章都提到了这一点），然后她告诉我，她喜欢在自己的房间里进行拥抱会面。

你可以走了，那个声音再次说。

我大声说："可以。"然后跟着艾玛进入她的房间，她请我在她的床上放松。我躺下之后，立刻意识到自己正在一个陌生女人的床上四仰八叉地待着，躯干便绷紧了，几乎是半仰起来，头部稍微从枕头上抬起。她问："你想怎样开始？"

除了发出紧张的笑声，我不知道该如何作答。于是我紧张地笑了，然后说："我想就照平常那样就行了！一般的会面是怎样的？"她皱着眉头："没有什么'一般的会面'，"她说，"一切都是根据客户的情况量身定制的。我们可以从并排躺着开始，或者侧卧着，我从身后搂住你，甚至只是简单地长时间拥抱，或者我可以给你按摩一下后背……"她的声音渐渐小了。

"嗯，"我说，"那就第二种吧？"她对我眨了眨眼（你可以走了，你可以走了，你可以走了）。

"嗯，我不记得第二种是什么了。"她说。我倒是记得，但我也不想提醒她是让她侧卧着，从身后搂住我。"你总是对触摸感到很紧张吗？"她指着我仿佛要做卷腹运动的身姿问，"那你约会的时候怎么办？"我想把我戴着订婚戒指的左手举到她面前，但我克制住了。

"我觉得，约会这件事有可以遵循的社会规范，你知道吧？这事可没有。"我说。我试图给她一个我来找她的借口。前一周，我和几个同事一起观看了 2017 年 8 月 21 日的日食。我上楼找到他们的时候，一个人向我打招呼，还揽了一下我的肩膀。那是一个很友好的表示，但我还是被吓得身子一僵。仅仅一瞬间，我就恢复了常态，向对方回以拥抱。但我想她还是注意到了，因为她很快就移开了手臂。我对艾玛说，意外的身体接触会让我有些尴尬，我是把这次会面当作一次暴露疗法来预约的。这只是部分事实，但仍然是事实。在我喋喋不休的过程中，我脑子里的那个声音越来越大（你可以走了！），然后忽然之间，我决定听从它。

"抱歉——对不起，我得走了。费用我当然还是会付的。"我急着说。我下了床，找到钱包，从里面掏出 80 美元，然后几乎是冲到了大厅。跌跌撞撞中，我撞到了自己的脚，然后继续奔跑，出门，跑下三段楼梯。直到出了她的大楼，转过拐角，我才不得不停下来想一想去地铁站的路该怎么走。

然后我开始歇斯底里地大笑，一个人大笑。我这辈子比那天下午笑得更厉害的情形，我能想起来的只有寥寥几次。乘地铁回家的整整一个小时中，短暂的笑声不断从我嘴里进出来，仿佛是某种不自觉的生理反应，就像打嗝一样。这件事带给我的显然是一种宽慰，因为我非常非常高兴自己摆脱了如此强烈的尴尬，不过我的宽慰还来自我的尴尬雷达仍在运行这一事实。我并没有消灭那种感觉。尴尬仍在，只不过在一些过去能引发它的较为平和的情形中，它失去了对我的掌控。也许我真的为自己重构了尴尬。

尤其是，含糊不明未必是件坏事。一段关系的初期阶段充满压力，因为什么事情都不确定，但它不正是因此才令人激动吗？与新认识的人发短信真是件让人兴奋的事情，因为你不知道对方会说什么，或者你们两个人会发展到什么程度，或者你们是不是会同心协力地朝那个方向发展。我那场为期一周的小实验提醒我，很多被我们形容为尴尬的情形也充满了机会。拿"朋友版约会软件"那个怪应用来说：也许我们会见面，并忍受尴尬的沉默，因为我们彼此之间无话可说；我们也可能很合拍，并驳斥无数趋势报道提出的观点，即成年后不可能结交新朋友。你可以将其想象成第二章中对焦虑的重新评估研究，该研究表明，如果你学会将自己的紧张神经重构为兴奋神经，你会感觉更好。同样，你也可以认为社交中的不确定性很折磨人，但它也可以如此令人兴奋。一切皆有可能，这意味着任何事情都可能发生。

在回家的地铁上，我的手机嗡嗡作响，我看到自己收到了两条短信。一条来自艾玛，她建议我再去尝试联系一位男性拥抱者；另一条是苏菲在两分钟前发来的："昨天的见面很有趣！祝你的尴尬周计划顺利。"

我的尴尬时代（下）

约翰·多契奇在后台，一只手拿着一罐黄色的蒙托克啤酒公司产的淡啤酒，另一只手拨开天鹅绒幕布，好让自己能看清舞台。"哦，天哪。"他摇摇头轻声笑着说。他转向我和我旁边的那个女人："你们一定得来看看这个。"

这是我参加《窘迫》试镜的第二天晚上。在这个本书开头提到的节目中，勇敢的人登台与"300个最亲密的陌生人"——这是每个月都在布鲁克林主持该节目的多契奇对观众的惯用称呼——分享他们在青少年时期创作的古怪东西。今晚是表演之夜，一位叫艾比的女士正在台上。我一直与多契奇以及另一位表演者——30多岁的杰米——听她的讲述。如果不看的话，很难听明白发生了什么，但据我所知，艾比背后的投影屏幕上有些东西，令观众发出了今晚到目前为止最响亮的笑声。受多契奇的邀请，杰米走上前去，默默地将幕帘拨到一边，好让自己也看见。

她的眼睛睁大了，转向我，"天哪，"她小声说，"我做过那事！"

当晚，杰米一进入演员休息室，制作人就用拥抱和热情的问候迎接了她的归来。这是她第三次在《窘迫》上演出。今晚她第一个登台，读了她 17 岁时写的关于杰米·肯尼迪的同人小说。恭维一点儿地说，杰米·肯尼迪在 20 世纪 90 年代和 21 世纪初的那几年里称得上一个小有名气的演员。但在节目开始前，我试着搞清楚他是哪一位。

"他不就是演《急不可耐》的那个吗？"我问她。

杰米轻声叹了口气："不，那个是赛思·格林。"我感觉她纠正别人这个错误已经有 20 年了。

她阅读的作品是她在高中时期写的一篇短篇小说，主角是她自己和肯尼迪，他们相遇并相爱。两人尝试解决的核心问题是：等他们结了婚，该怎么解决两人姓名的冲突？如果她随了他的姓，他们两个就都叫杰米·肯尼迪了。

"我知道了！你是男孩杰米，而我是女孩杰米。"那天晚上，一个成年的女孩杰米在台上读道。我无法清楚地体悟具体细节，因为我甚至不能完全确定杰米·肯尼迪到底是谁，但我明白那种对某人怀有他人不能理解的深厚感情的感觉，在这种感觉背后，是羞愧和孤独，而在这两种感觉背后，又是为自己的特立独行而沾沾自喜。我认识杰米才一个小时，我必须不断地提醒自己，其实我并不太了解她。但她刚刚分享的这篇作品，让我觉得自己与十几岁的她之间的联系是如此深刻，让我感觉我确实了解她，哪怕只有一点点。

后台，她挪到一边，好让我透过另一侧看向幕帘外面。艾比身后的投影屏幕上是一张笔记本纸页，上面手绘着两幅人像。一幅是她青春期前的身体，直来直去；另一幅是她青春期后的身体，凹凸有致，还有一些小箭头标注着十几岁的少女艾比对自己的新身体格外不满意的部位。我回想起自己 14 岁的时候，在新买的笔记本上潦草地画了两幅自画像。一幅是当时我眼中的自己，另一幅是我希望自己减肥之后看起来的样子。我的画作主题跟艾比的并不一样，但实在太相似了，我在她的画里看到的自己让我无地自容。

"哦，我的天哪，"我轻声对杰米说，"我做过这事。"

几分钟之后，艾比结束了她的分享，穿过幕帘回到后台，身后的观众发出雷鸣般的赞赏掌声。她面色绯红，在和我们这些围在台边的人依次击掌时不自觉地露出灿烂的笑容。

"太有意思了。"她一直这么说。下一位表演者上台了，我想看，因为我知道，哪怕是按照这个节目的标准，他的分享也会显得很奇怪。他会播放一段由他自己配音的录像，介绍他款式繁多的钟表收藏。这段录像是他在 10 岁的时候录制的。但我却跟着艾比回到了演员休息室，杰米跟在我们两人后面。

艾比坐在一张沙发上，仍然笑逐颜开，仍然紧握着她的日记本，那是一本她十几岁时用贴纸贴满了的普通笔记本。"当你还是个孩子的时候，你会把自己受伤的感觉潦草地涂画下来，"她说，"你会觉得很尴尬、很孤独。"这让我想起我最初听说《窘迫》这个节目的时候，它和它的许多参与者最令我困惑的到底是什么。即便我读的是去年的自己认真写下的东西，也往往会让我想要在羞愧中永远避世。上星期，我独自一人在家为节目试镜做准备，我一边读着旧日记，一边迷失在格兰杰中学的走廊里。写下这些话的时候，我感到尴尬和孤独，而当我再次读它们的时候，那种感觉又回来了。当我听到门锁响动，看到安德鲁走进公寓时，魔咒解除了。我惊慌失措地把日记本往咖啡桌底下一塞，就像被他撞见我在看色情片一样，不过老实说，那样也可能没现在这么尴尬。

艾比继续说，但是当你站在台上，和别人分享你的尴尬，会赋予你那些在纸面上倾诉心声的孤独时刻新的视角。"所有这些人都站在你这一边。"她说。它把你过去的话语放入新的语境中：你的现在。你当时感到很孤独，但如果这是真的，那我们如何解释今晚观众的热情和认可呢？它说明了重新审视过去的自我的价值，那时的你看不到现在的你能看到的。回顾过去，在时间的自然距离的帮助下，你更容易以第三人称视角看待自己。你可以把它看作完全消除"无法逾越的鸿沟"的一种方式。

站在未来的有利位置，更容易在适当的背景下看清过去的自己。"分享耻辱"，就像《窘迫》宣传片中说的那样，它提醒你，那时候的你并不孤独，现在也一样。在演员休息室里，杰米和我告诉艾比，我俩都画过自己进入青春期后的身体素描，或者至少是一些非常相似的东西。艾比看起来很惊讶。

"真的吗？"她问。是的，真的，我们告诉她。她笑了。"这就是我喜欢《窘迫》的原因。"

2001 年，20 多岁的戴夫·纳德伯格躺在他儿时的卧室里，几乎用看待前伴侣的方式打量着它。房间既熟悉又陌生，令人既安慰又不安。他回家是为了看望生病的母亲。母亲的病，再加上他对回到家乡的复杂感情，使他产生了一种疲惫的怀旧情绪。而且，他和仍然住在那里的人几乎没有联系，所以他也有点儿无聊。他开始探索他以前的卧室，打开抽屉，怀着考古学家那种带着疏离感的好奇心向壁橱里窥视。

最后，他偶然发现了一盒他十几岁时写下的文字，包括他 16 岁时写的一封情书。"我都已经忘记了那封信的存在，"他告诉我，"但当我找到它时，它就如同一股洪流般涌回了我的大脑。"情书是写给一个名叫莱斯利的女孩的，但他其实从未真正见过她。"首先，"他写道，"让我自我介绍一下……我的名字叫戴夫（是的，就是那个给你写这封信的酷小伙！）。"

这封信是那么有个性，那么特立独行，然而，纳德伯格认为，它一点儿也不独特。其他人肯定也曾被过去那个笨拙的自己类似的鬼魂纠缠过。15 年过去了，这种直觉看来是正确的。如今，他创办的舞台演出《窘迫》在全美国乃至全世界的 21 个城市都有上演，在伦敦、巴黎和奥斯陆等地还有衍生版本。你可以在网飞上找到 2013 年的纪录片《窘迫国度》（*Mortified Nation*），2015 年公共广播交流机构推出了《窘迫播客》（*The Mortified Podcast*）。青葱岁月的尴尬有了多种表现形式。

然而，在我研究尴尬的很长一段时间里，我都尽量不看《窘迫》。这档表演节目听起来很刻薄，尤其是当我听说它被归类为喜剧时。青少年非常害怕遭到嘲笑，这种恐惧永远不会完全消失，只不过青春期最为严重。我讨厌那种以嘲笑青少年在日记里潦草记录的诚挚话语为中心而设计的节目。毫无疑问，这是因为在中学时代，日记就是我的生命线。在学校里，我整天都是一个安静、守规矩、善良的基督徒学生，但在那些纸张上，我可以默默地大声喊出那些我永远不会说出口的事情。一想到要大声朗读这些真诚得令人心痛的文字，我就感到恶心，尽管我和那个写下这些文字的女孩之间已经相隔了20年的悠悠岁月。这听起来太残酷了，这个节目的生命源泉好像就是我观看《交友直播》时在观众中感受到的那种蔑视的难堪。

　　一个有趣的巧合是，《交友直播》和《窘迫》甚至是在同一地点录制的，这更凸显了二者之间的差异。前者通过挖掘令人不适的难堪来孤立造成尴尬的人，至于后者，我很快就了解到，也是利用了同样的感觉，可方式却大不相同。《窘迫》中的难堪沉浸在同情中，最终令观众、表演者和表演者那尴尬的"青少年自我"团结起来。"这是唯一一档观众会站在你这一边的喜剧节目。"多契奇喜欢这样对新来的参演者说。例如，单人喜剧表演者从走上台的那一刻开始就必须赢得观众的支持，但在《窘迫》中却不必如此。每位分享者一上台，观众就已经跟他站在同一条战线上了。

　　2016年夏末，我平生第一次看了一场《窘迫》，之后便痴迷地参加了很多场演出。每次演出结束后，我离开时都会觉得自己更渺小了一点儿，不过是那种美好的渺小，那种感觉像是自我漠视：你没那么了不起，可这难道不是很好吗？每一位表演者都提醒我，我的问题并不是那么特别，我的古怪其实也根本算不上古怪。

它的暖心程度令我吃惊，但同样让我没想到的是，它居然还那么有趣。在一场演出中，一位女士展示并讲解了她在雅虎地球村网站上的"Lovin' Leo"页面。那是莱昂纳多·迪卡普里奥最早的影迷网站之一，她在 1997 年建立并一直维护，那时的她还是个疯狂迷恋偶像的中学生。在另一期节目上，一个人弹着吉他演唱自己创作的歌曲，歌词都非常下流，因为创作它们的时候，他还是个欲火正炽的少年，却被送进了严格的宗教夏令营。2016 年大选后的那个混乱而令人困惑的一周的周四，我参加了一场演出，那天晚上的笑声特别大，既因为我们需要放声大笑，也因为当晚的表演者确实非常好笑。其中一位表演者高中时一直详细地写着日记。在他表演的过程中，投影仪放出了他记在笔记本背面的两栏列表，一栏标着"我吻过的女孩"，下面有 6 个左右的名字；另一栏标着"和我上过床的女孩"，下面空空如也。

"特殊性是普遍存在的。"这是创意写作老师们喜欢对学生说的话，而在参加《窘迫》之前，我对这种说法的真实性的感悟从来没有那么深刻过。在那位"Lovin' Leo"女士身上，我看到了自己在那个年纪对所有与汉森有关的事物的荒谬而强烈的爱；在"宗教营"哥们儿身上，我看到了努力让自己的信仰和成为普通青少年的渴望达成和解的自己；我从来没有列过与我交往过的人的名单，但我在那个列名单的人身上看到了我自己记录所有自认为重要的事情的冲动。事实证明，我们都是非常怪的孩子，不仅如此，"我们都是同一个怪孩子"，纳德伯格在论及《窘迫》时如此写道。我们在糊弄谁呢？那个十几岁的怪人还在，在我们每个人的内心深处。

$$🐱🐱🐱$$

"这个角色想要什么？她得到了吗？"

在《窘迫》的后台待了几个星期后，我和斯蒂芬·楚帕斯卡在手机上进行了视频通话。他是我将在几周后参演的那期节目的制作人。他向我提了一个问题，几乎每个参演者都曾在这个过程中的某个时刻听到过这个问题的某个版本，不过它最常见的问法是这样的："向我介绍一下写这本日记的那个孩子吧。"

自《窘迫》开办初期，纳德伯格就在用这个方式帮助人们克服在陌生人面前暴露青少年时期的自己时内心那种极端古怪的感觉。"我确实觉得过去的我们都差不多——我们都是那个 14 岁时写了那封情书、那篇日记或者那段歌词的孩子，"他说，"但也是在那时候，无论是在身体上还是在精神上，我们都经历了很大的个人成长。"

我们许多人都会感到现在的自己与过去的自己之间存在着一种分离感。多年来，《窘迫》的制作人发现，巧妙地促进这种分离感，有助于人们更清楚地了解自己年轻的样子。例如，楚帕斯卡鼓励我把这个超现实主义的练习当作一个写作项目，让 13 岁的我做主角，把 100 页初中时期的焦虑编辑成一个线性故事。"我通常不会说'跟我说说你 13 岁时的情况'，而是会说'介绍一下写那本日记的女孩吧'。"纳德伯格对我说，"人们更愿意谈论自己以外的人。"

他停顿了一下："哪怕那个人百分之百就是他自己。"

通过与《窘迫》的合作，纳德伯格得出了与许多研究过去和现在的自我之间微妙关系的心理学研究者一致的结论。你常常会感觉过去的自己是那么遥远，以至于仿佛完全是另一个人。这种分离感有时候是有利用价值的。2005 年左右，康奈尔大学的心理学家们招募了几十名本科生，让他们参与一个小调查，对他们在高中时代的尴尬程度进行评估。打分区间从 −5（非常尴尬）到 5（一点儿也不尴尬，属于能在返校节被选入"王室"的那类学生）。排在最后 1/3——也就是给自己的分数在 1 分及 1 分以下——的学生被邀请参加第二轮提问。这一轮的问题主要集中在他们青少年时期的社交能力缺乏上。

从这里开始，这个实验就与我们第七章中讨论自我辨析时提及的实验差不多了。在这项研究中，那些曾经的笨拙少年需要写下"（在高中时期）让自己尴尬，或者自认为让自己尴尬的某次社交事件"。怎么选择？是不是该写那次你最好的朋友冲出教室，跑到那个你无聊时会去闲逛的院子里，把开襟羊毛衫围在你腰上，因为你显然来了月经，而且经血已经渗进了你的卡其色校服裤？这是一件无与伦比的善举，但是老天啊，如果她透过教室窗户看到了你裤子上的血渍——那么还有谁看到了？！也许你应该写写你和游泳队队友一起走在去开会的路上那次？你一想到有人居然在赛前从跳台上跌落下来便狂笑不已——结果半小时之后，你自己在赛前就从跳台上掉了下去。

选择太多了。不管怎样，康奈尔大学的学生们被要求从中选择一个并写下来。其中大约一半的人被要求以第一人称来书写他们的尴尬回忆，而另一半人则被要求以第三人称讲述他们的故事，就像罗恩·霍华德以旁白形式解说情景剧《发展受阻》一样。之后，他们填写了一份问卷，评估与高中时的自己相比，他们认为现在的自己有多尴尬。他们还将自己的社交能力与康奈尔大学的同学们进行了比较。还有一个额外的转折：一位匿名实验者坐在一旁，那些曾经笨拙的康奈尔学生不知道的是，他正在默默地评估着他们的社交能力。这位神秘的实验者从不主动与他人交谈，但如果学生跟他讲话，他也会愉快地回答，这是衡量某个人社交能力的一种足够得体的方式。

分析结果时，研究人员注意到了有关两组实验对象的调查结果之间的差异。那些被要求以第三人称视角回顾高中的人，与那些被要求以第一人称视角叙述的人相比，更倾向于认为现在的自己没有高中时的尴尬。与康奈尔大学的同学们相比，采取外部视角的受测者对自己的社交能力技能评价也更高，而且他们甚至出色地通过了自己都不知道自己参加了的测试：与采取内部视角的受测者相比，他们更倾向于同那位隐蔽的实验者交谈。

这种自我疏离的策略对包括我在内的《窘迫》表演者们都很有帮助。我知道楚帕斯卡关于作品"主角"的问题只是一个小小的写作建议，用来帮助我们把这个故事压缩成紧凑的10分钟，但我还是忍不住把它看作一个隐喻。站在第三人称的角度看待自己是有好处的，这些好处远远超出了能让你从中学时代的尴尬中解脱出来。

例如，对所谓的"自言自语"的研究发现，在自我激励时采取疏离视角（比如，说"你能做到"，或者甚至是使用自己的名字，比如"梅丽莎能做到"）的人比使用第一人称（"我能做到"）的人焦虑程度更低。那些以局外人的视角看待自己的人，在随后的任务中也比那些以主观视角看待自己的人表现得更好。

其他研究表明，以第三人称视角看待自己的生活可以让你做出更明智的决定。你知道解决朋友的问题总是比解决你自己的问题更容易吗？原理是一样的。密歇根大学的心理学家伊桑·克罗斯（Ethan Kross）在接受《纽约时报》采访时，谈到了他和其他人在自我疏离方面所做的研究工作。"我们之所以能够在某些问题上给别人提供建议，关键原因之一就是我们没有被卷入那些问题之中。我们可以更清晰地思考，因为我们与他人的体验之间存在一定的距离。"

这种自己创造个人的"无法逾越的鸿沟"的观念，是一种便利的心理策略。我曾在跑半程马拉松的时候用它来哄自己加快步伐，尽管我已经很累了；我也会将它用于做重大决定的时刻，比如是否离职。我会给朋友什么建议？这也是通向自我意识的一个有趣的、可选择的途径。其他人在形成对你的看法时要考虑的只有你的行为，那么你的行为说明了你的哪些方面？

尽管如此，当我和楚帕斯卡开始编辑我的一篇篇日记时，我还是觉得这种说法并不完全准确。我倒是乐于看看自己多年前写的那些话，然后对自己说，那已经不是我了，再把它们忘掉。这是真的。人们可以改变，也确实在改变，我也不例外。但与此同时，我内心的某个部分却在默默地反驳。那当然还是你。

我把这种感受告诉了纳德伯格，他表示赞同："人们确实是从儿时成长起来的，而且我认为，也许《窘迫》成功的秘诀就在于，现实是存在于两者之间的令人困惑的中间地带。事实是，你已经不是那个孩子了！但你又完全还是那个孩子。你不是坐在数学教室后排的那个古怪、没有安全感的女孩……但你也仍完全是那个人。"他补充道，这一事实"既令人欣慰，又让人彻底地沮丧"。

🐱 🐱 🐱

爵士乐是怎么回事？

2013 年 2 月，作家艾米·罗斯·斯皮格尔（Amy Rose Spiegel）在嗡嗡喂上发表的一篇文章中提出了这样的疑问。这是她的标题：《爵士乐是怎么回事？》（*What's the Deal with Jazz?*）。多年来，嗡嗡喂做过一些令人印象深刻的报道，但这篇是那种大多数人在提起嗡嗡喂风格的文章时，仍能想得到的典型作品。它的内容充斥着动图、嵌入式视频和诸如"戴软呢帽的人中有 74% 是玩爵士的，而那样的打扮在世界其他地区的人眼里简直就是罪犯标志"之类的见解。

记者们在推特上盯上了斯皮格尔的报道。"恭喜你，这真是白痴文章。"现在为《智族》（*GQ*）等杂志撰稿的纳撒尼尔·弗里德曼评论道。"这篇文章很烂，你应该感到难过。"如今在美国著名防务网站"任务与目标"（Task & Purpose）任职编辑的贾里德·凯勒写道。

那不是一篇好文章，然而网络新闻往往就是那个样子。这一行业令人筋疲力尽之处在于互联网——以及你的老板——总是不断地想要更多、更多、更多，所以你要不停地鼓捣出新的文章内容，即使你没有好的想法。或者，可能更糟的是，你有一个不错的想法，但没有足够的时间来充分地研究它。这对年轻作者来说尤其是个问题，他们只是在努力地完成老板的要求，之后才会意识到他们的文字可能有一天会反过来困扰自己。

在为那篇关于爵士的博文点击"发表"按钮时，斯皮格尔才22岁，刚刚大学毕业1个月。她后来告诉《石板》（*Slate*）杂志的威尔·奥雷姆斯，写那篇文章的想法源自她与编辑的一句闲聊，说她自己不喜欢爵士乐。"我的编辑说：'你应该正经地写写爵士乐是怎么回事。'我当时的反应是：'不，我不想那么做。'"斯皮格尔告诉奥雷姆斯，"可以说是他逼我那么做的，所以最后我写了那篇文章，而且我当时没觉得那有什么大不了的。"

然而，即便是当初你引以为傲的东西，你之后读起它有时也会觉得尴尬。科学作家贝瑟尼·布鲁克希尔曾说，她经常津津有味地回忆起2011年一项非常奇怪的研究，在这项研究中，科学家为他们的老鼠受试者设计了小裤子。"我经常回顾关于老鼠穿裤子的研究。"布鲁克希尔最近在推特上写道，"这项研究仍然非常棒，然而我最终为其留下的文字记录却令我汗颜。"另一位科学作家——《纽约客》的玛丽亚·科尼科娃（Maria Konnikova）回应道："我以前的大部分作品都让我有这种感觉！"布鲁克希尔回复："天哪，我写得太烂了！我真想从头重写一遍，写成它应有的样子。"小说家罗杰·罗森布拉特（Roger Rosenblatt）2016年也在《纽约时报》上写了同样的文章："我们发现了错误。我们发现了让自己难堪的东西，整个过程扼杀了我们可能感受到的任何动力。"

我能体会。几年前，我在下班途中收听自己最喜欢的播客节目《给你女朋友打电话》，主持人之一是我崇拜的作家安·弗里德曼。一开始我只是心不在焉地听着，可后来弗里德曼开始大声朗读她那周早些时候看到的一篇博客文章，而且一边读一边发出某种声音，显然是想要强调那篇文章的浅薄。她没有说出文章作者的名字，也没有说出博客的名字，不过她用不着说。那篇文章是我写的。

如果不是记者们一致认为，除非情况非常特殊，撤回已经发表的报道是不道德的，我想我会在回家之后立即删除那篇文章。所以我不能责怪斯皮格尔对她的文章在推特上引起的反响做出的回应。5个月后，她删除了那篇文章。

"我真为自己的名字出现在上面感到羞愧。"她对奥雷姆斯说，"对不起，我做了那件事。它太极端了，就像阿米里·巴拉卡的《爵士乐与白人评论家》之类的东西。我很抱歉做了这件事，我根本不想做来着，我也觉得我不应该为这件事承担全部责任，因为我是在说了'不'之后才被迫这样做的。所以我删除了它，我知道这违反了嗡嗡喂的编辑政策，但我不在乎。"

新闻伦理是他们自己的事情。不过近年来，我一直很有兴趣关注对于删除过去的网络上的自我留下的尴尬"遗产"，人们的整体态度有何变化。色拉布（Snapchat）就是一个常见的例子，因为它的核心特点是短暂性，快照和聊天会消失。照片墙最近公然抄袭了色拉布的这一特色，推出了照片发布24小时后会自动消失的"故事"功能。这似乎是对青少年使用社交媒体方式的一种认可。《华盛顿邮报》2016年刊登的一篇关于当今13岁青少年对社交媒体的使用习惯的文章指出："她的主页上只有25张照片，因为她删除了大部分内容。那些没有得到足够的赞、光线没有打足，或者没有展示出她生活中最酷的时刻的照片必须被删除。"

在我们这些30岁上下的人中间流传着一种老生常谈的说法：我们多么庆幸自己十几岁的时候还没有社交媒体啊！我们说这话的时候表达了好几层意思。我们庆幸自己躲过了在脸书或者照片墙上引发的网络欺凌；尽管每个人都担心大家一起出去玩却没叫上自己，但有了社交媒体，我们就会知道这种事确实发生过了。但我们那么说的时候，还有一层想表达的意思是，谢天谢地，那个令人尴尬的十几岁的我没能永远在网上闲逛。社会学家内森·尤根森（Nathan Jurgenson）在2012年写道："傻乎乎的音乐品位，坐井观天的政治见解，15岁的你的尴尬照片——很久以前留下的数字垃圾，搞不好会威胁到如今无可挑剔的身份构建。"你知道，自从你拍摄了那些照片、发表了那篇文章、发布了那条推文之后，你就已经被改变了。你现在对那些行为的看法，一定和别人当时对那些行为的看法一样。你当时多么可笑。这些为什么没人告诉你？

也许最终，尤其是等到如今那些十几岁的年轻人进入大学再从大学毕业之后，互联网会成为一个更加无常的地方。可以想象，终有一天，网络上不再有任何东西能破坏你精心策划的自我形象。人在成长，他们改变了看法，对过去的自己感到厌恶。看在上帝的分儿上，就拿格伦·贝克（Glenn Beck）过去几年的经历来说吧，他一直公开承认自己在美国扮演过制造分裂的角色。"我们必须开始相信对方最好的一面，而不是期待其最坏的一面。"2017 年，他在某期克丽斯塔·蒂佩特的公共广播节目《关于存在》（*On Being*）中对她说："我有罪——我讨厌这么说，因为我无法想象你的观众中有多少会翻着白眼说：'你可不是有罪咋地——这话是格伦·贝克说的？'"也许，有些人认为，互联网应该认识到人们正在改变，应该让他们摆脱过往自我的影响。

但是，相信这一点就是相信身份停滞，相信现在的你已经到达并成为真正的自我。过去的你令人尴尬，而当下的你已经把这件事弄明白了。可是，现在的你很快就会成为过去的你，循环重新开始。写这本书已经成了我在这方面的每日练习，因为有时候我会读一点儿我几个月前写的恐怖章节。那个人是谁？如果你想做任何创造性的工作，你就必须学会欣赏过去的你所付出的最大的努力。将来的你可能会发现其中一部分令你难堪，但那似乎是她的问题。

此外，你遇到的每个人都会让你改变一点点。你能否成为不同的你取决于你和谁在一起。"自我是社会实体的一部分。"丽莎·费尔德曼·巴雷特在《情绪是如何产生的》（*How Emotions*

Are Made）一书中如此写道，"它不完全是虚构的，但也不像中子那样，本质上是客观真实的。这取决于其他人。从科学的角度来说，你当时的预测，以及由此引申的行动，在某种程度上取决于别人对待你的方式。"如此说来，也许最好的办法是接受自我的转瞬即逝，同时在脑海中留住每一个不同的你。

甚至是令人尴尬的版本的你。尼马·维瑟（我们在第七章中提到过他）有着非凡的自传体记忆，因此他能非常自然地践行这种方法。可以说，他每一个过去的自我都存在于他触手可及之处，而他认为这可能也是他没那么容易感到尴尬的原因。"我做的每件事都反映了我的整个数据集，"他告诉我，"考虑到我拥有的数据集，我已经没法做得更好了。"

过去你一直在尽力而为，承认这一点很重要。但与此同时，如果她让你感到难堪，那对你来说也是件好事。那就对了！一个不经常为过去的自己感到难堪的人可能根本没有进步。"在我的第一档特别节目中，有太多东西让我难堪了，但我并不为此感到羞耻。"喜剧演员莎拉·西尔弗曼（Sarah Silverman）在2017年接受《快公司》采访时表示，"你必须负起责任。不回头看看你的过去，你就不会成长。"

2016年，艾米·罗斯·斯皮格尔出版了《行动》（*Action*），一本关于两性的广受欢迎的随笔集。在这本书中，她建议读者不要为诸如早泄、放屁或者其他因为自己身为凡人而可能发生的个人灾难而感到羞耻。这是一本聪明、犀利的书，读起来也总是很有趣，虽然它的内容关于个人灾难，但是你很容易就能领悟到，斯皮格尔是在鼓励读者耐心地对待自己，从个人灾难中学习，而不是试图躲避它们。"搞砸了，"她在书中写道，"正是你成长为专业人士的途径。"

🐱🐱🐱

灯光比你想象的亮，比从观众席上看起来亮得多，但这很好。实际上，我喜欢这样，因为这意味着当我站在利特菲尔德的舞台上时，我甚至看不见挤在我面前的三百来号人——其中大部分我都不认识。每个座位上都坐着人，后排甚至有人直接坐在地上，就好像我们正聚集在某个人的客厅里。但我是在后来幕间休息的时候才发现这一点的。当时我要从一大堆身体中挤过去，找到安德鲁和我的其他朋友。从舞台上，我只能看到灯光。

这是我在《窘迫》上登台的时刻。片刻之前，紫色小日记本和我一起穿过幕帘，走向麦克风。大约 10 天前，我群发了一封邮件，邀请大家来观看我的演出。我希望能来几个，如果我运气好的话，说不定五六个吧。但是在演出前几天，我收到了一封又一封吓人的回复。结果，我的朋友加上同事，总共来了 20 多人。

欧文·戈夫曼可能认为所有的社会生活都是一场表演，但我感觉他会对我将要做的事情感到奇怪。这是将他的戏剧理论变为现实的时刻，不过其中的隐喻全都乱了套。通常情况下，我扮演的是现在的我，仿佛她是一个完全独立于青少年时期的我的个体。我小心地淡化自己身上仍能反映出她的渴望、天真和需求的那些方面。在我的试镜以及随后与楚帕斯卡在视频聊天中排练期间，我被鼓励这样看待她，把她当作一个独立于我的个体。但在今晚的舞台上，我要做的恰恰相反：我要把我们两个融合在一起。

晚上，在利特菲尔德的大门向观众打开之前，多契奇召集所有表演者上台，盯着空荡荡的剧场，好让我们更加适应这个场地。这时，我感觉自己已经在那里待了好几个小时了。我确实已经来了好几个小时，至少我在附近待了那么久。我一直很害怕迟到，所以意外地早到了 85 分钟。我在附近一家咖啡馆买了晚餐，然后慢慢吃掉一个素三明治，强迫自己待在桌边，直到确保我能以一种很酷、很随意的方式迟到 10 分钟进入会场。

尽管如此，我还是第一个到的。其他表演者来到演员休息室时，我向他们做了自我介绍，我迫切希望能找到一个和我一样在聚光灯下不自在的人。不走运，几乎所有的人都是职业讲述者和喜剧演员。在我之前表演的那个女人读了她 7 岁时在自己姐姐的日记本里潦草写下的"便便"笑话。对于一个小学生来说，这些笑话聪明得让人讨厌，而且是"便便"笑话？我应该讲一些像"便便"笑话那样喜剧效果万无一失的笑话吗？除了我，还来了另外一位非专业人士，但他几乎不算数，因为他是一位《窘迫》老手，他初次登上这个舞台是 10 多年前的事了。我因为自己的紧张而感到孤独。

在观众到达前一个小时左右，多契奇鼓励我们在舞台上踱步，让自己熟悉在台上的感觉。当我开始定期参加这个表演时，我注意到一个小细节：每个表演者，甚至那些显然并非专业人士的表演者，都可以自信地升起或者降下麦克风架。一个人处在聚光灯下的时候，一个不合作的麦克风架是很容易将他击溃的，就像第五章里斯蒂芬·阿斯托尔的故障幻灯片一样。然而多契奇与那些把遥控器塞进阿斯托尔手里，让他自己搞清楚怎么操作的《创智赢家》制作人不同，他确保我们每个人都知道该如何操作麦克风架。作为今晚唯一的真正的新手，我因这个善举格外感动。同时我也很紧张，感觉自己几乎要爆炸了。我的下巴不知由于什么原因在疼痛，我知道这意味着我要哭了。但我忍住了，好让自己听一听多契奇给我们打气的话。

"这是唯一一档观众会站在你这一边的喜剧节目。"他说。如果你觉得这句话耳熟，那么你确实听到过，我也听过。每场表演之前他都要表达一遍这个意思。

"这就是说，"他继续说，"他们会攻击任何恨你的人——包括你自己在内。"

如果观众感觉到演员不够真诚，那么任何表演都会失败。如果演员没有完全投入角色，这样的事情就会发生。戈夫曼认为，我们的日常社交表演也是如此。这有助于解释很多让我起鸡皮疙瘩的事情，正如第一章所述（参见：在杂货店偶遇同事），当你试图同时扮演多个角色时，局面会变得尴尬，今晚在这里也是如此。

多契奇告诉我们，多年以前，一位表演者在朗读作品时语调夸张，模仿了一个十几岁男孩的声音。我明白，这是一种让自己与自己的话语之间产生距离，并向观众传递这一讯息的方式。这太愚蠢了，现在的我已经不会那么做了。这种方法不奏效的原因很简单：它一点儿都不好笑。多契奇说，那天晚上，"观众针对起他来了"。

他装得越久，得到的笑声就越少。《窘迫》曾经是一晚两场的节目，而他那场是当晚的头一场。当晚第二场，他又读了那篇文章，这次毫不矫揉造作，就像多契奇鼓励我们其他人做的那样，效果好得让人咋舌。

然而，在舞台上，在炫目的灯光下，我不需要这个提醒。我很快就回到了少年时代。

"今天开学了，"我开始读，"每个人（好吧，几乎每个人）都很好。但我讨厌这样！"最后一句里面那个"讨厌"，我以大写的方式倾注了自己强烈的情感，现在仍然很管用：我感觉自己在和写这句话的女孩沟通。

今晚之前，对杰米和我一起在《窘迫》后台待着时她告诉我的事情我思考了很多——你应该还记得，她是本章前面提到的杰米·肯尼迪的同人小说的作者。她说她有时会想，公开阅读17岁的自己私下写的故事，是在向当时的自己致敬吗？还是在取笑她？

我也在纠结这个问题，但我开始相信答案是前者。与你真正的青少年时期不同的是，当你站在《窘迫》的舞台上时，你是非常希望人们嘲笑你的，这才是重点。在序章中，当我第一次看到这个节目的时候，我不明白《窘迫》的表演者们在这种体验中寻求的是什么。但我现在认为他们寻求的是观众的笑声，或者更确切地说，是笑声象征的那些东西。如果你的讲述有意思，那么它是可以被理解的；如果它可以被理解，那么就意味着十几岁的你可以放松一点儿。你保守的秘密根本没有那么可耻。

这就是为什么我开始讲述时非常紧张。如果没人笑怎么办？我知道这些观众并不冷漠，多契奇喜欢这么提醒参演者，但是万一我得到的都是怜悯的假笑呢？那可能比嘘声更糟糕。

第一篇的作用是阐释，我当年写它的时候也是这么定位的。在日记中，它由五页半啰里啰唆的手写内容构成，一小时一小时地介绍我在新中学度过的第一天。我是在七年级没上完的时候转入那所学校的。它们是设置"情节"所需的必要细节，就像在电影中一样，但这部分内容也很枯燥，并且是我的讲述中较长的篇目之一。我担心自己会因此失去听众，它让我感到自己对13岁的我产生了保护欲，还抱有一丝丝歉疚。她来到这里仅仅是因为我往前拽了她20年。

我读完了它，进入第二篇。"我简直不敢相信我已经不在纳什维尔生活了。"一个悲伤的年轻的我说。甚至没有刻意，我说话的音调就比平时高了一点儿，而我正在做的是让一切听起来像是个问题。"这里的人还可以，但是我爱那里的每个人。那里的每个人，"我稍做策略性停顿，希望接下来能抖出一个包袱，"都喜欢汉森乐队！"

管用了！天啊，管用了。每个人都笑得前仰后合。

与此同时，我记起了当年这件事带给我的荒谬而真实的痛苦。我隐约记得新学校开学的头几天，我把汉森乐队的照片放在我的储物柜里，结果被另一个孩子取笑了。在这段记忆中，只有嘲笑是模糊的，那张照片我倒是记得清清楚楚（如果你想知道的话，那是他们1997年那张专辑的封底）。当我得知同学们有多么鄙视我最喜欢的乐队时，我非常难过。那个时候，我已经把他们深深地融入了自我概念中，乃至我相信同学们对汉森乐队的拒绝等同于对我的拒绝。

要我说，你在开玩笑吧？这一切都太好玩了。这枚喜剧"金币"一直隐藏在我的过往中，直到我站在舞台上的这一刻，直到这句台词引起了一阵哄堂大笑，我才意识到它的存在。他们笑的时候，我感觉自己不那么紧张了。多契奇承诺，在你收到第一阵笑声之后，你的讲述就会一帆风顺了，他是对的。我的表演时间开始飞速流逝。很快我就要讲述 5 月 11 日那一篇了。我最喜欢的部分。

"实际上我今天涂鸦了一些东西。"13 岁的我说，好像她就在这里，正向观众倾诉她最黑暗的罪恶。"我在洗手间里，有人写了'我恨格兰杰'，另一个人写了'我也恨格兰杰'，于是我就写了……'同上'。"人群乐不可支。我知道这部分会很搞笑，确实是。

"我伪装了我的笔迹，"我继续以她的身份说，"即使有人真的看出来是我干的，我也不在乎。我说真的。"

我在日记里潦草地复制了那个"涂鸦"，为自己的叛逆感到骄傲。此时，我身后的投影屏应该正在展示这张草图，于是我转过头去看了看，却看到了一张年轻的自己的照片。上周，我给这档演出的主要制作人克里斯蒂娜·加兰特发送了几个选择，她当然选了看起来最傻的一个。照片里的我戴着一副大大的塑料眼镜，侧卧在地板上，左手放在臀部上，右手托着头。哦，嘿，过去的我。我很惊讶能见到她，但话又说回来，她整晚都在这里，通过我说话，也对我说话。感觉就像是在让她保持安静多年之后，我终于在倾听她想要说的那些话了。

然后，突然之间，一切都结束了。一片茫然之中，我离开了舞台（我的告别曲是 *MMMBop*，我已经猜到了），跟大家一一击掌，然后把自己锁在小洗手间里几分钟，让自己平静下来。节目开始前，制片人取笑我试镜时太紧张了。虽然才过了 8 个星期，但感觉那已经是很久以前的事了。那天，我对那些自愿参演这个节目的人感到很好奇。他们了解些什么我们其他人不知道的事情吗？我想我现在也是那些人中的一员了，所以让我来试着回答这个问题吧。

我们知道，唯一能让你不再为过去的令人尴尬的自己感到尴尬的方法是，与富有同情心的观众分享你的耻辱。有时候我觉得，让你难堪的事情越奇怪，它们就越有可能引起一大群人的共鸣。我们都说不上来其中的具体细节，但我们都明白那种感觉。我那本小日记本里记录的回忆现在看起来是那么不同，它们全都闪闪发光，引人注目，已经准备好进入黄金时间了。我想是观众的笑声起了作用，至于该如何描述那种笑声，我唯一能想到的表述就是，它就像光一样。这些愚蠢的故事和我当年过度紧张的少年情感一度被藏在阴影里，现在却被摊在了光天化日之下，我又能清楚地看到它们了。人们常用一句话来劝别人接受自己的不完美：好坏都担着吧！这句话被说得太多了，好像已经失去了意义，但这也是我在节目结束后不久开始思考的东西。我们这么说的时候，到底想表达什么？

几个月后，我与 W. 卡莫·贝尔的密友玛莎·瑞因伯格进行了交谈——我们在第三章中提到过她。瑞因伯格在旧金山一档名为《女性时间》的节目中担任编剧和演员。在演出中，她在舞台上重现了自己过去某些最尴尬的时刻。它跟《窘迫》并不完全一样，因为她根据自己的记忆为自己写了一个剧本（然后把每个角色都演了出来），但它同样利用了那种令人难堪的感觉。

在最近的一期节目中，她讲了一个关于自己和伴侣约会的故事。他们决定去蹦床公园，就为了做一些异想天开的好玩事情（"我总是找不到乐趣。"瑞因伯格告诉我）。当他们蹦蹦跳跳时，瑞因伯格惊恐地意识到，每次跳跃都会弄湿她的裤子。"不止一点点，"她告诉我，"每次我跳起来，都会洒出金色的液体，一遍又一遍。我上了好几次厕所——我都不知道尿是从哪里来的！"最后，"我不得不屈服，只管完成这次金汁飞溅的约会好了。"

在这样的时刻，我们的本能反应是把尴尬抛诸脑后。那不是真正的我，那不是我。那样分割自己是很痛苦的。我宁愿找到一种方式，把那个尴尬的部分带回来，在《窘迫》中，我偶然发现了某个洞见，与瑞因伯格想要通过自己的作品表达的相同：若要再次适应自己的那个部分，最佳方式是与他人分享尴尬。这是在轻蔑的难堪和同情的难堪之间的选择，但目标是你自己。你把自己被推开的那部分带了回来。

那天晚上来看我表演的大多数朋友都以不同的方式告诉了我同一件事：你真勇敢。他们中的一些人告诉我，他们也还留着自己青少年时代的日记，说不定也会上这个节目。我希望如此。琼·狄迪恩曾说，与过去的自我做个点头之交是值得的，而对我来说，《窘迫》是实现这个目标的方式之一。"我不会觉得自己的肩膀耷拉了下来，像个萎靡不振的人，反而，我会说：'大家看看这个！看看这有多蠢。'"瑞因伯格说，"然后我会再次拥有我那尴尬的一部分，没有把它推开。"

说句傻话，节目结束后不久，我就体验到了一点小小的、奇怪的好处，而这正是因为我把过去的尴尬和现在的自己联系了起来。两个月后，汉森乐队发布了他们多年来的首支新单曲。要不是有几个那天晚上去了《窘迫》的朋友不约而同地给我转发了发布在同一个网站上的同一篇文章（《汉森乐队出新歌了，您猜怎么着？好听得不可思议》），我完全可能会错过那首歌。你猜怎么着？真挺好听的。我没想到自己能把我的这部分过往带回现在。

但是，更重要的是，关于少年时期的自我，仍有一些其他方面萦绕在我心头，而对此我现在也更加能接受了。对事物充满热情并不是件坏事，如果我有时候仍然表现得像个伪善的人，那么，现在我知道心理学文献会称这种特质为严谨性（conscientiousness）。你可以试着重新审视一下被你丢弃在某处的个性碎片。我敢打赌它们没那么糟糕。我敢打赌它们还是挺有趣的。

一旦能放声嘲笑自己，你就自由了。 当我开始这个项目的时候，我希望到最后我能设法在我和所有让我难堪的事物之间建立一道坚固的屏障，但现在我很感激这种奇怪的小情绪，以及它通过人类共同的荒谬而把我们——我、你、过去的我、过去的你——联系起来的力量。人总会有尴尬的时候，唯一能让我们不被孤立的方法就是，大家一起开始尴尬就行了。

致 谢

　　早在完成本书正文之前，我就已经为致谢打好底稿了。要感谢的人太多了！感谢埃里克·纳尔逊指导我进行了促使本书面世的最初的步骤，并且从一开始就相信我的这个想法能够实现。还有梅里·孙，我要给你一个大大的"感谢"，因为你就是那种存在于梦想中的好编辑，你总能明白我想说什么，即使我表达得不太清楚。这种感觉就像是我对给我剪头发的女孩说了一大堆废话，她却莫名其妙地理解了我的意思，给我剪出了我想要的发型（而且更好看）。感谢麦肯齐·布雷迪·沃森，谢谢你帮我把这个模糊的想法变成了一本真正的书。感谢乔安娜·沃尔普，感谢你的可靠，在整个过程中，你的品位和经验对我来说是无价的资源。

　　在记录和撰写本书的过程中，我得到了很多非常有帮助的资料，但我想特别感谢索伦·克拉奇和弗雷德·保卢斯。多年前我第一次接触你们的作品时便从中获得了灵感，今天依然如此。（还有，你们是非常棒的东道主，感谢你们在柏林和吕贝克为我做了很棒的导游！）同样，我也要感谢我在《窘迫》认识的所有朋友：戴夫·纳德伯格、克里斯蒂娜·加兰特、约翰·多契奇和斯蒂芬·楚帕斯卡。感谢你们在百忙之中为我抽出时间！

感谢爱丽丝·罗伯、克里斯·博纳诺斯和卡洛琳·默尼克，每当我因书崩溃时，你们总是在我身边。真希望我对你们每个人的帮助能达到哪怕你们给我的一半。感谢琳达·达尔斯特伦，不仅因为你试读了本书早期版本的手稿，还因为是你一开始教给了我关于健康／科学写作的所有知识。

谢谢我的家人：妈妈、爸爸还有泰勒。你们是最棒的，我爱你们。

致安德鲁：在这两年的大部分时间里，这本书的创作不仅颠覆了我的世界，也颠覆了你的世界，但你从不抱怨，一直支持着我。你来到我的生命中，是我莫大的幸运。嗯嗯。[1]

---

① 这里的"嗯嗯"是在模仿作者与伴侣曾经的爱猫的叫声。那只猫咪不能发出"喵喵"的叫声，只会"嗯嗯"地叫。这是已经回到喵星球的猫咪留给作者的美好回忆。

图书在版编目（CIP）数据

一旦能放声嘲笑自己，你就自由了 / （美）梅丽莎·达尔著；
秦鹏译. -- 北京：中国致公出版社，2021

书名原文：Cringeworthy

ISBN 978-7-5145-1238-0

Ⅰ. ①一… Ⅱ. ①梅… ②秦… Ⅲ. ①成功心理 – 通
俗读物 Ⅳ. ① B848.4-49

中国版本图书馆 CIP 数据核字（2021）第 122951 号

著作权合同登记号：图字 01-2021-4175

一旦能放声嘲笑自己，你就自由了 / [美]梅丽莎·达尔　著；秦鹏　译.
YIDAN NENG FANGSHENG CHAOXIAO ZIJI, NI JIU ZIYOU LE

出　　版	中国致公出版社	
	（北京市朝阳区八里庄西里 100 号住邦 2000 大厦 1 号楼	
	西区 21 层　100025）	
发　　行	中国致公出版社	
	未读（天津）文化传媒有限公司	
作品企划	联合天际·社科人文工作室	
责任编辑	李　薇	
责任校对	邓新蓉	
特约编辑	宁书玉	
美术编辑	夏　天	
封面设计	千巨万工作室	
印　　刷	三河市冀华印务有限公司	
版　　次	2021 年 9 月第 1 版	
印　　次	2021 年 9 月第 1 次印刷	
开　　本	880 mm×1230 mm　1/32	
印　　张	8	
字　　数	177 千字	
书　　号	ISBN 978-7-5145-1238-0	
定　　价	68.00 元	

关注未读好书

未读 CLUB
会员服务平台